给孩子的自然科普

无处不在的微生物

江泓 杨肖 主编

重庆出版集团 重庆出版社

图书在版编目（CIP）数据

无处不在的微生物 / 江泓，杨肖主编. — 重庆：
重庆出版社，2024.1
（给孩子的自然科普）
ISBN 978-7-229-17304-3

Ⅰ. ①无… Ⅱ. ①江… ②杨… Ⅲ. ①微生物–青少
年读物 Ⅳ. ①Q939–49

中国版本图书馆CIP数据核字（2022）第249471号

无处不在的微生物
WUCHU BUZAI DE WEISHENGWU

江 泓 杨 肖 主编

出　品：华章同人
出版监制：徐宪江　秦　琥
特约策划：先知先行
责任编辑：肖　雪
特约编辑：李　敏　齐　蕾　危　婕　杨孟娇
营销编辑：史青苗　刘晓艳
责任校对：刘小燕
责任印制：梁善池
封面设计：乐　翁 DESIGN QQ:954416926

重庆出版集团
重庆出版社 出版
（重庆市南岸区南滨路162号1幢）
北京盛通印刷股份有限公司　印刷
重庆出版集团图书发行有限公司　发行
邮购电话：010-85869375
全国新华书店经销

开本：787mm×1092mm　1/16　印张：7.25　字数：77千
2024年1月第1版　2024年1月第1次印刷
定价：49.80元

如有印装质量问题，请致电023-61520678

前　言

你们知道微生物吗？这是一群无处不在的小家伙，它们和其他生物一样，都是地球这个大家庭中不可或缺的一员。甚至，地球上最早诞生的生物就是它们，地球现存的种类繁多的生命体都是原始微生物的后辈子孙。

有的人提起微生物，就会感到慌张，因为它们对人类而言是陌生的、隐秘的、危险的。但实际上，微生物跟人类的关系远比我们想象的更密切。

微生物包括除高等动植物以外的所有微小生物：没有细胞结构的病毒，单细胞的古菌、细菌和单细胞藻类，丝状真菌、酵母菌、黏菌和原生动物等。它们有些驻扎在我们的身体里或皮肤表面，与我们"为伴"；有些生活在我们的家中，与我们"同居"；有些存在于大自然的土壤、河流、空气中，与我们"为邻"……我们只有学会辨别它们，才能用正确的方式与其共存。

人类很早就知道利用微生物，现如今，微生物在人类社会的各行各业中都发挥着巨大的作用。厨师可以利用微生物来制作美味的食物，生活中常见的面包、葡萄酒、食醋、豆腐乳等都是经由微生物发酵制作而成的；药学家可以利用微生物提取、研制药物和营养品，来治病救人；环境保护学家可以利用微生物净化污水，保护自然环境；农学家则可以利用微生物来改良土壤，帮助农作物增产。

微生物的存在不仅有利于人类，还有利于自然，它们是地球生态系统中极其重要的一环。在自然界中，植物和动物的残骸都是由微生物进行分解的。这个能量转换的过程会不断产生氧气、二氧化碳、硝酸盐，甚至水，这些成分又反过来为动植物提供生长所需的营养，促进生态循环。

随着人类对微生物认识的加深，科学家们发现，人体本身就是一个复杂的生态系统，一个庞大的微生物社会。在我们的皮肤、生殖器、口腔、肠道等部位，寄生着数以万亿计的细菌和其他微生物。它们处于人体生态系统之中，数量甚至比人体细胞还要多得多。身体里的微生物大多是有益菌和中性菌，它们组成的细菌群落有着各自的功能：有些负责消化，有些促进生长，有些保护我们免受别的有害微生物的侵犯。它们做了很多，但人类却没有意识到它们的存在，只有在身体因为其他致病菌入侵导致生病时才会想起微生物。所以在大多数人的心中，微生物的形象都不太正面，它们在很长一段时间里都是病痛、瘟疫、腐败的代名词。

希望通过这本书，小读者们对微生物的世界可以多一点了解，消除一些偏见。虽然某些微生物会引起食物的腐败，甚至导致疾病，但对于地球上的生命来说，微生物是不可替代的亲密伙伴。

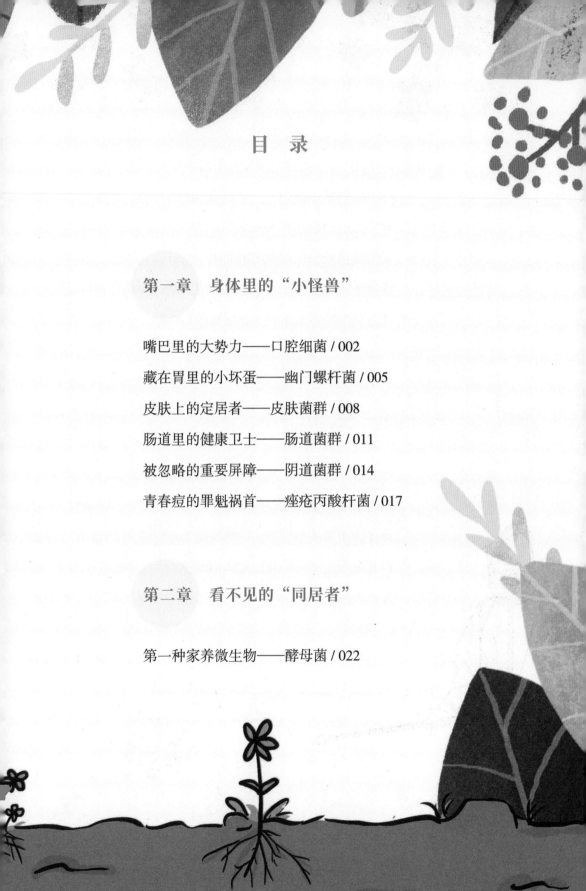

目　录

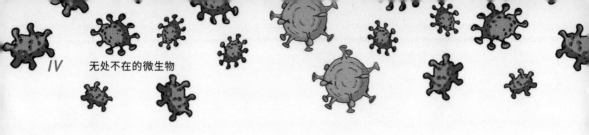

第三章　海洋里的"潜伏者"

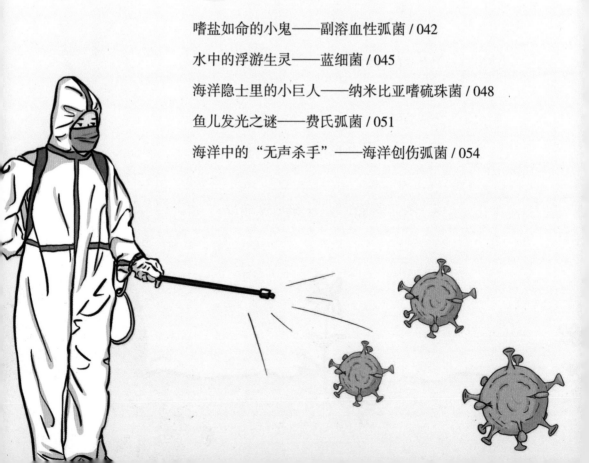

第四章　土壤里的"清洁工"

第五章　空气里的"流浪者"

第六章　乘虚而入的坏家伙

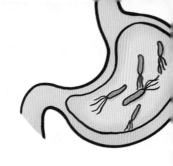

第一章
身体里的"小怪兽"

你们知道吗，我们的体细胞与细菌客人的数量比大概为 1∶10。在我们的体表和体内存在的细菌、真菌等的总数在 100 万亿以上。这些微生物的种类至少有 15000 种，分布在不同区域。其中的一部分已经为我们所熟知，但还有超过 80% 的微生物隐藏在我们身体的各个角落。人体就像一个微生物生长的温床，由此产生了人类所特有的微生物群体。

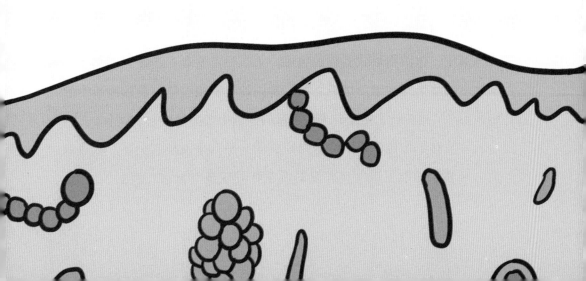

嘴巴里的大势力——口腔细菌

人类的嘴巴不仅承担着吃饭、说话和呼吸的功能，还是人类与外界微生物接触的一个窗口，细菌、病毒、真菌和其他外来抗原都是通过嘴巴进入人体。所以，要想了解身体里的微生物，就要先从嘴巴开始。口腔就是研究微生物生态学的天然实验室。

人体的口腔中，生存着至少700种微生物，这些微生物盘踞在口腔的各个角落，相互依存又相互牵制，维持着口腔中的微生物平衡。口腔里常见的细菌有葡萄球菌、链球菌、乳酸杆菌、厌氧链球菌、甲型链球菌、表皮葡萄球菌、奈瑟氏菌等。由它们所构成的口腔微生物菌群是除了肠道菌群外，人体内的第二大微生物势力。

口腔微生物按照栖息地的不同，还可分为两种。第一种主要存在于唾液中，由游离形式的细菌组成。第二种主要存在于牙斑或黏膜表面，由菌落形式的细菌组成。我们常说的口腔微生物主要以唾液中的细菌为主。据统计，每毫升未经刺激的唾液中细菌数接近200个。

唾液对于维持口腔中微生物菌群动态平衡来说极其重要。唾液的流动和黏附功能可以使口腔里的微生物处于流动状态，我们的进食、喝水、说话等动作都会使微生物在口腔中不断变动。这种状态下，外来微生物不易依附，也不容易发生口腔问题，就像咱们说的"流水不腐，户枢不蠹"。但是，如果口腔内有食物残渣嵌塞，或者有龋洞，那么就会有"路过的"细菌附着其上，久而久之就会形成菌斑，引发龋齿和牙周病。

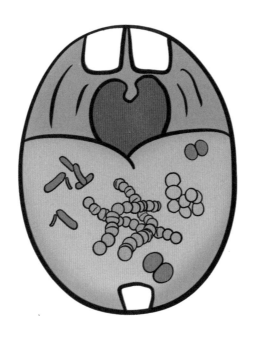

每个人都拥有独一无二的唾液菌群比例。这种不同不会因为居住在相同的环境、摄入相同的食品、亲属关系而有所改变。口腔里的细菌组成比例会受到很多因素的影响，例如身体的疾病、接触的食物、肠道的卫生、脂肪的含量等。

生活在口腔里的微生物吃什么呢？一般来说，它们获取营养有三条途径：一是宿主的饮食；二是宿主口腔中部分细胞的更替；三是由口腔微生物的其他成员所制造的营养成分。宿主的食物对微生物的种类和数量影响巨大。比如从食物中摄取的大量蔗糖会使变形链球菌吸附在牙釉质表面并被保留下来，导致牙菌斑。

　　口腔里的固定菌群大多对人体无害，因为唾液中含有独特的抗体。但也有例外，因为口腔菌群中还含有85种真菌，其中，最主要的是念珠菌。在口腔菌群正常的情况下，念珠菌是保持中立的，当口腔菌群遭到破坏后，念珠菌就会趁机作乱。狡诈的念珠菌通常不单独下手，它会联合厌氧链球菌中的变形链球菌和乳酸杆菌一起作恶，变形链球菌负责形成菌斑，乳酸杆菌负责产生大量的酸，这样一来，牙釉质受损，龋齿就出现了。

小知识

　　《自然遗传学》杂志曾刊登一项科研成果：一个由苏黎世大学、约克大学等机构研究人员组成的国际科研小组，在一副上千年的牙齿骨架上发现了一座"微生物的庞贝古城"。他们在该骨架的牙结石上发现了矿化的古代微生物菌群和极小的食物残渣。他们还发现了一件神奇的事情：明明现代人和古人的饮食与卫生习惯已经大不相同，但古人口腔中携带的机会致病菌，竟然和现代牙周病的致病菌相同。

藏在胃里的小坏蛋——幽门螺杆菌

人类的胃是消化食物的器官，内部含有胃酸和蛋白水解酶，pH 值为 0.9~1.5（pH 值越小，水溶液的酸性越强）。以前，人们认为在这种强酸的环境下，胃部是无菌的。但后来，幽门螺杆菌的发现，打破了人们的认知，原来胃里也不是无菌环境，强酸之中或多或少也会有些漏网之鱼。

那么，这些侥幸存活的微生物是怎么躲过胃酸攻击的呢？

第一处藏身之所是食物颗粒的内部。科学家们发现富含蛋白质的食物能给微生物提供更好的庇护所，如蛋类、肉类等，微生物躲在其中就能逃过一劫。

微生物躲避胃酸攻击的另一个办法是制造"胞囊"。许多单细胞生物在遭遇逆境时都会分泌一些蛋白质和多糖等物质，这些物质会在细胞外面凝固成一层保护膜，就是"胞囊"。胞囊可以帮助它们度过恶劣的环境，连胃酸也不能将其完全破坏。

除了藏在外物中躲避胃酸攻击外，还有一些狡猾的细菌一进入胃部就挖坑把自己埋起来，比如，幽门螺杆菌。这种细菌为了躲避强酸，会在我们的胃壁上"打洞",然后钻进去,从而逃避胃酸的腐蚀。所以,我们的胃黏膜就会因此受损,变得千疮百孔,而胃酸也会通过幽门螺杆菌钻出的"孔洞"进一步腐蚀胃壁,威胁胃部健康。

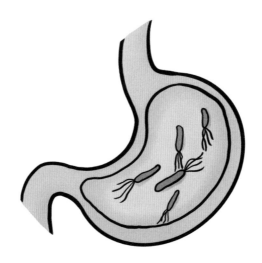

幽门螺杆菌生存于人体胃的幽门部位,是最常见的细菌病原体之一。它还被世界卫生组织认证为一类致癌物。世界有大半人口受到过幽门螺杆菌的感染,而在有些国家,几乎90%的人都感染过这种细菌,5岁以下幼童的感染率尤其高。

这种细菌感染人体之后,首先引起慢性胃炎,然后会导致胃溃疡和胃萎缩,严重者会发展为胃癌。

幽门螺杆菌是从哪里来的呢?

它们呀,最喜欢藏在不干净、没有煮熟的食物和没有烧开的水中,然后借机进入人类的消化系统。所以日常饮食上应将食物洗干净、煮熟再吃,更不要饮用来历不明的水,这样才能有效减少感染幽门螺杆菌的风险。另外,部分人不注意饮食卫生,喜欢吃路边摊和外卖,这也会增加被幽门螺杆菌感染的风险。

幽门螺杆菌还有一个让人闻之色变的能力——传染。除了在胃部存在外，它还能在口腔缝隙中、牙菌斑中"隐居"，通过多种途径传染给其他人，例如通过共同进餐、喂食、接吻等。这种细菌会在亲属、家人、亲密的朋友之间形成一个传染链。可以这么说，只要一家人中有一个人感染幽门螺杆菌，那么全家人都有被感染的风险。

如何预防幽门螺杆菌感染？

首先，我们要做到饭前便后洗手；其次，公筷是个好东西，可以减少我们与被感染者的接触途径，餐具使用前应进行消毒；最后，胃药可以灭杀胃液中的幽门螺杆菌，但对口腔中的幽门螺杆菌却没有办法，要想彻底灭杀口腔中的幽门螺杆菌，还需要搭配使用漱口水和抑菌牙膏。

皮肤上的定居者——皮肤菌群

　　皮肤是人体面积最大的器官，也是人体与外界接触最多的部位，所以成了微生物寄居的大本营。皮肤表面的微生物种类繁多，由这些微生物组成的群落构成了人体的第一道屏障。

　　身体不同部位的皮肤上驻扎着不同的微生物，其中大部分为细菌。头皮、手指、肚脐、腋窝、股沟、脚趾等地方都存在着细菌。根据细菌存在的时间可将它们分为常居菌和暂居菌。常居菌指的是持久地生活在大部分人皮肤上的微生物，是固有寄居菌，普通的摩擦不会将其擦除，如凝固酶阴性葡萄球菌、棒状杆菌、丙酸菌、不动杆菌等。

　　暂居菌是寄居在皮肤表层，容易被常规洗手清除的微生物，主要有葡萄球菌、类白喉棒状杆菌、绿脓杆菌、丙酸杆菌等，直接接触患者或被污染的物体表面时就容易沾染到。暂居菌的主要传播方式是触碰传播，这种传播通常发生在医院等场所，一旦皮肤有破损，皮肤表面的机会致病菌就会侵入伤口导致感染。

　　比起不知道会在哪里出现的暂居菌来说，定植于皮肤表面的细菌反而更具危险性，如金黄色葡萄球菌、表皮葡萄球菌等。其中，金黄色葡萄球菌是引起生物体化脓感染的一种重要致病菌，也是造成人类食物中毒的常见致病菌之一。它常寄生于人和动物的皮肤、鼻腔、咽喉、肠胃、伤口肿胀处，空气、水、灰尘及人和动物的排泄物中也有它的身影。

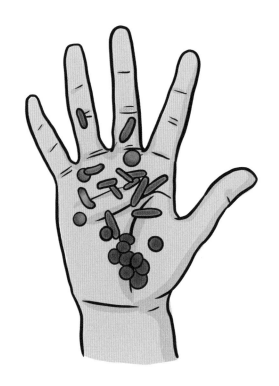

　　患化脓性炎症的病人在接触食品后，食品就会被金黄色葡萄球菌污染。这些被金黄色葡萄球菌污染的食物，通常在 21~30 摄氏度下，放置 3~5 小时，就能产生足以引起人体中毒的肠毒素。甚至一个金黄色葡萄球菌株就能产生两种以上的肠毒素。

　　近几年，由金黄色葡萄球菌引起的食物中毒事件已经占到了微生物食物中毒事件的三分之一，金黄色葡萄球菌因此成为仅次于沙门氏菌和副溶血杆菌的第三大微生物致病菌。

春夏最容易感染金黄色葡萄球菌，它们有很多传染途径：食品加工人员或销售人员带菌；食品原材料感染；食品加工环节感染；运输过程中食品受到污染；熟食制品包装不密封；奶牛患化脓性乳腺炎或畜禽局部化脓时造成的源头污染。人类食用了这些被污染的食物就可能导致细菌感染，引起肺炎、伪膜性肠炎、心包炎等，甚至是败血症、脓毒症等全身感染。

皮肤菌群的重要性

皮肤上的微生物跟肠道里的一样，起到屏障、营养、免疫等功能。

屏障功能：皮肤菌群在皮肤生态体系中相互制约，又彼此协调，形成一层稳定的具有占位性保护作用的生物膜，使外来菌不能轻易驻留在皮肤上，从而保护宿主的皮肤健康。

免疫功能：皮肤菌群中的过路菌也可以作为非特异性抗原，与很多常驻菌一起参与机体的免疫活动。

自净功能：皮肤菌群能分解病原微生物跟人体代谢产生的垃圾，形成乳化脂膜并抑制致病菌。

肠道里的健康卫士——肠道菌群

通常来说，一个健康的人，他的胃肠道内通常寄居着种类繁多的微生物，其中细菌占99%，它们共同组成了肠道菌群。在肠道菌群中，细菌的种类超过了1000种，它们能影响人体消化功能，抵御感染，降低患免疫疾病的风险。

肠道微生物生态系统很复杂，菌群生物量很庞大，一个人仅结肠内就有400个以上的菌种。由于肠的部位、pH值、营养状况的不同，菌群的种类分布也有很大的不同。这些数目庞大的细菌大致可以分为三个大类：有益菌、中性菌和有害菌。

有益菌菌群，顾名思义是对身体有益的细菌。它们可以合成各种维生素、蛋白质，参与食物的消化，促进肠道蠕动，抑制致病菌群的生长，分解有害、有毒物质，以此维护宿主的健康。双歧杆菌就是肠道有益菌的代表。

在显微镜下观察，双歧杆菌就像一个分叉的树枝。因为不喜欢氧气，所以它栖居于人体没有氧气的大肠中。人体肠道中双歧杆菌的数量随年龄而异，在母乳喂养的初生婴儿的肠道中最多，几乎达到肠道

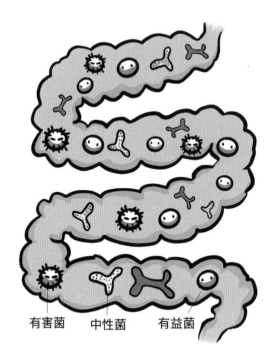

有害菌　　　中性菌　　　有益菌

总细菌量的 98% 以上，起着保卫婴儿肠道健康的作用。除了双歧杆菌之外，肠道有益菌还包括尤杆菌、消化球菌等，它们与双歧杆菌都属于共生类型的肠道菌群，数量恒定存在，是维护人体健康不可缺少的要素。

中性菌，即具有双重作用的细菌，如大肠杆菌、肠球菌等。其中大肠杆菌是人和许多动物肠道中最主要且数量最多的一种细菌，它与我们的日常生活密切相关。大肠杆菌能发酵多种糖类，产酸、产气，是人和动物肠道中的正常栖居菌。它们在婴儿出生后即通过母乳进入肠道，与人终身相伴，几乎占粪便干重的三分之一。

在正常情况下，大多数大肠杆菌是非常安分守己的，它们不但不会给我们的身体健康带来任何危害，反而还能抵御致病菌的进攻，帮助合成维生素 K_2，增强身体免疫力。只有在机体免疫力降低、肠道长期缺乏刺激等特殊情况下，它们才会一反常态兴风作浪，移居到肠道以外的地方，例如胆囊、尿道、膀胱、阑尾等，造成相应部位的感染或全身播散性感染。因此，大肠杆菌也被称作机会致病菌。

有害菌，原本也是肠道内的寄居细菌。在生理平衡的状态下，它们一般是不会危害宿主的，数量一旦失控，大量生长，就会引发多种疾病，或者影响免疫系统的功能。

人体的健康与肠道内的益生菌群结构息息相关。肠道菌群在长期的进化过程中，通过个体的适应和自然选择，不同种类菌群之间，菌群与宿主之间，菌群、宿主与环境之间，始终处于动态平衡中，形成一个互相依存、相互制约的系统。因此，人体在正常情况下，菌群结构是处于相对稳定的状态的。

有研究指出，体魄强健的人肠道内有益菌的比例达到70%，普通人则是25%，便秘人群减少到15%，而癌症病人肠道内益生菌的比例只有10%。

小知识

肠道细菌也是需要营养供给的。为了保证肠道的正常运作，我们需要合理饮食，规律作息，还需要补充足够的益生元，帮助肠道有益菌进行繁殖，让肠道保持健康。很多食物都含有益生元，如香蕉、樱桃、大蒜、洋葱、菠菜、番茄、羽衣甘蓝、芦笋等，很多豆类也含有益生元。

被忽略的重要屏障——阴道菌群

在正常情况下，阴道和人体的肠道一样，都是有菌环境，多种细菌在这里共存，形成了一个生态平衡的环境。定植于正常阴道内的微生物菌群由细菌、真菌、原虫和病毒组成，它们主要栖居于阴道四周的侧壁黏膜褶皱中，足迹遍及穹隆部和宫颈处。这些细菌也会遵守和平共处的原则，部分细菌还维系着我们的代谢功能，从某种意义上来说，细菌也是人体的保护者。

正常阴道菌群中的常驻菌包含乳杆菌、表皮葡萄球菌、大肠杆菌等。乳杆菌黏附在阴道黏膜上皮细胞上，可以制造乳酸等物质，营造一种自己喜欢的酸性环境。而这种酸性环境可以有效抑制其他细菌的滋生，例如大肠杆菌、类杆菌、金黄色葡萄球菌等。所以乳杆菌对维持阴道微生态平衡和抵抗生殖道感染方面意义重大。它在保护女性自身健康和妊娠期间胎儿的卫生上发挥着重要的作用。

乳杆菌和它所在的微生物菌群共同形成了一道重要的人体屏障。其中，乳杆菌是名副其实的老大哥。乳杆菌指的是能将葡萄糖等糖类分解为乳酸的各种细菌的总称，迄今已确定的乳杆菌就有239种，正常人体口腔、肠道和生殖道中都有它们的存在。这种细菌能够产生乳酸，调节所处环境的 pH 值，抑制其他寄生菌的过度生长。

健康女性阴道内可分离出 20 多种乳杆菌，包括卷曲乳杆菌、加氏乳杆菌、詹氏乳杆菌等。它们可使阴道局部形成弱酸性环境（pH ≤ 4.5），抑制其他致病微生物的生长，维持阴道自净作用，与宿主、环境之间构成一种相互制约、相互协调的微生态平衡。

与数量超群、亲族关系复杂的肠道菌群不同，阴道菌群的种群数量通常较少。乳杆菌作为阴道菌群中密度最高的定植菌，占阴道菌群的 95% 以上，每毫升阴道液中约有 107 个乳杆菌。要检查阴道内环境是否正常，就要看在一个显微镜的视野上能观察到多少不同种形态的乳杆菌。

个体的雌激素水平、月经、妊娠和年龄等因素都会对阴道内乳杆菌的数量产生影响。青春期，随着雌激素的增加，糖原层积于阴道上皮，糖原分解使阴道呈酸性（pH 值 4~5），利于阴道乳杆菌的生长。女性在生育期间，身体分泌孕激素，也可以促进乳杆菌生长，通过发酵糖类产生乳酸来建立阴道酸性环境。当女性绝经后，雌激素水平就会下降，糖原含量也会跟着下降，导致乳杆菌数量不同程度地减少。

除了乳杆菌外，阴道里还有一些常驻菌，比如念珠菌，也就是霉菌；偶尔还会有一些过路菌，如支原体、衣原体。由于阴道与这些微生物之间形成了生态平衡，通常情况下并不致病。阴道生态平衡一旦被打破或外源病原体侵入，就会导致阴道炎症的发生。最常见的是霉菌性阴道炎和细菌性阴道炎。

小知识

阴道菌群的变化还可能诱发宫颈病变。阴道菌群平衡状态下，不容易发生 HPV（人乳头瘤病毒）感染。如果个体过度服用抗生素，使用阴道洗液，大量食用甜性食物或不合理安排个人生活作息，就有可能导致阴道菌群失衡。阴道菌群的失衡会提高 HPV 感染率，HPV 感染则会进一步诱发宫颈病变。

青春痘的罪魁祸首——痤疮丙酸杆菌

相信大家都听说过青春痘吧？这种痘痘的顽固性和令人烦心的程度是其他痘痘所不能比的，至今很多人都还不知道它的来历。你们知道吗，青春痘跟青春期的关系其实不大，有些人过了青春期还是会长，这都是因为身体中的微生物在捣乱。这种导致青春痘的微生物就叫作痤疮丙酸杆菌。

健康皮肤的表面生活着不同种类的微生物，微生物之间会形成一个微生态平衡，对皮肤起到保护作用。这种平衡一旦失调，就会有细菌乘虚而入。痤疮丙酸杆菌又称痤疮杆菌、疮疱丙酸杆菌，它们主要居住在人的皮肤毛囊和皮脂腺中，是和皮肤疾病、粉刺息息相关的一种厌氧菌，属于皮肤上的正常菌群，并且它们的生长速度缓慢。

这种细菌平常不显山不露水，但它其实是人类毛囊皮脂腺内数量最多的微生物，也是痤疮产生的原因。痤疮是一种喜欢长在脸上和背上的顽固痛症。通常以明显的白头粉刺、黑头粉刺、炎性丘疹以及结节出现，严重者还会发展成脓疱和炎性疮疤。最常见的是出现在鼻尖上的那种红色、凸起的小结节，和额头上不规则的红色和黄色凸起，十分影响美观。

痤疮丙酸杆菌是如何导致痤疮产生的呢？

多数时候，痤疮丙酸杆菌还是十分安分守己的，但当皮脂腺分泌脂肪酸过多时，它就会开始活跃，在毛囊内产生一种小分子多肽，吸引吞噬细胞到其他细菌寄生的部位，释放水解酶和多种炎性介质，诱导局部发生炎症反应，最终破坏皮脂腺，形成痤疮。

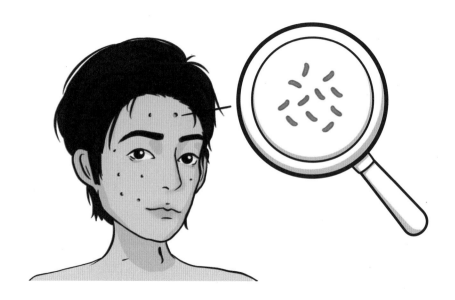

青春期正好是激素分泌旺盛、皮脂腺油脂过多的时期。这些油脂堆积在毛囊口就会形成痤疮丙酸杆菌喜爱的无氧环境，此时痤疮丙酸杆菌会疯狂生长，分解饱和脂肪酸，产生大量的游离脂肪酸。这些脂肪酸通过毛孔渗入皮肤，会引起皮肤应激反应，产生粉刺、红肿等，从而刺激毛囊形成毛囊炎。

其实，痤疮丙酸杆菌只是痤疮形成的一个导火索，事实上痤疮这种皮肤问题是由激素、死皮、油脂和痤疮丙酸杆菌等多种因素造成的。

激素水平高，就会导致皮脂腺分泌物过多，皮脂腺分泌物过多就会导致痤疮丙酸杆菌活跃，然后就会引起皮肤炎症。我们可以简单认为皮脂腺是导致痤疮丙酸杆菌活跃的主要因素。在我们的生活中，皮脂腺分泌物过多的原因还有很多，例如天生皮脂腺发达、遗传因素、心情不好、熬夜、吃过分油腻的食物等。遗传因素没办法改变，但可控因素一定要把握住。

　　如果想跟青春痘说拜拜，至少要做到健康饮食，合理安排作息，注意皮肤清洁，这样才可以让皮脂腺正常工作，痤疮丙酸杆菌安分守己。

怎样预防痤疮的产生？

1. 首先就是要养成良好的生活习惯。少熬夜，早睡早起。

2. 做好面部的清洁工作，每天早晚坚持洗脸。

3. 保持乐观的心态，这样有助于维持内分泌的稳定。

4. 饮食要清淡，多吃新鲜的水果和蔬菜，增强身体的免疫力。

第二章
看不见的"同居者"

　　除了我们的家人朋友，其实还有一些小生命也在和我们朝夕相处。它们在这个家中拥有一方隐蔽而神秘的天地，过着我们可能想象不到的群居生活。它们很小，但在某些方面却能力超群，比如酿造和净化。它们中的大多数对人类是友好的，但也有一些对人类充满敌意，总是想搞事情。快来认识一下它们吧！

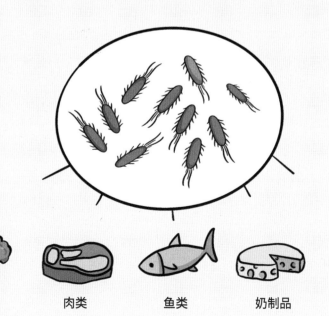

蔬菜　　肉类　　鱼类　　奶制品　　牛奶

第一种家养微生物——酵母菌

提起酵母菌这个名字，有过烹饪经验的朋友一定很熟悉。这种神奇的菌类，能够为我们制作好吃的面包和馒头，还有味道甘醇的美酒。它们的存在实实在在地丰富了人类的食谱，让"饕餮"们的口腹之欲得到了极大满足。

酵母菌是真核细胞微生物，它的形态有球形、卵圆形、腊肠形、椭圆形、柠檬形或藕节形等，比细菌的单细胞个体要大得多，一般为1~5微米或5~30微米。它们具有完整的细胞膜、细胞核、细胞质、细胞壁和线粒体结构，在有氧或无氧环境下均可生存。

人类对酵母菌的应用已经有数千年。早在4000年前的殷商时代，劳动人民就懂得利用酵母菌来酿酒。酵母菌也被称为人类的"第一种家养微生物"。它用途广泛，在农业、工业、医药等领域都占据了重要的位置。人们利用酵母菌制作出了很多产品，例如酿造工业中的酒类和果汁，食品工业中生产的面包、馒头，医药工业中生产的核苷酸、维生素，饲料工业中提取的单细胞蛋白——"人造肉"，化学工业中的有机酸、甘油等。

酵母菌在自然界中分布很广，尤其喜欢在偏酸性且含糖较多的环境中生长，水果、蔬菜、树皮、花蜜的表面都有它的生长痕迹。它们还存在于果园的土壤中，在葡萄挂果时，大自然的风和勤劳的蜜蜂就会把酵母菌带到葡萄果皮的表面，我们在购买葡萄的时候看到果皮上面的一层类似白霜的物质，其实里面就有酵母菌的存在。

作为微生物中的大家族，现在已发现的酵母菌种类已经超过1000种，人们一直在探求酵母菌在农业、工业、医药研究上的多重应用可能。一般来说，现在利用得比较多的酵母菌有酿酒酵母、葡萄汁酵母、裂殖酵母、鲁氏酵母、结合酵母、汉逊酵母等。在这些酵母菌中，最值得一说的是酿酒酵母。

酿酒酵母原是指由啤酒发酵醪糟中分离出来的一种发酵酵母，后来，人们为了分类管理，就将酒精生产、酿造其他饮料酒的啤酒酵母以及制造面包的一些类似酵母菌也归入了这一个类别中。酿酒酵母的菌落通常为白色，平滑且有光泽，维生素和蛋白质含量较高，且食用

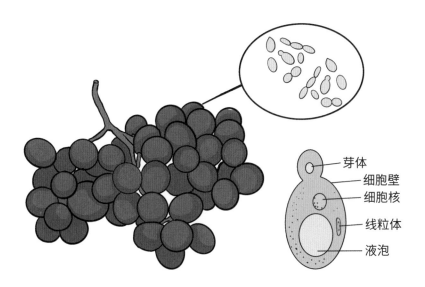

安全，因此可以用它们生产食品、药品和饲料。酿酒酵母还可以作为细胞工厂，生产出人体赖以生存的营养物质——赖氨酸和谷胱甘肽。此外，酿酒酵母作为真核生物的范例，还能应用于人类基因功能研究中。

为了满足商业化生产的需求，研究者对野生的酵母进行人工培育和改良，从而生产出品质优良、表现更稳定的商业酵母。这种酵母可以使发酵过程更好把控，保证其达到一个不错的发酵结果。通常，商业酵母被用来批量制作味道相同的葡萄酒。但也有一些酿酒师认为，通过野生酵母自然发酵而成的葡萄酒风味更加独特，因此坚持使用野生酵母。

什么是发酵？

简单来说，发酵是指生物体不需要借助氧气这样的无机氧化剂，就能让有机物氧化分解，释放出能量的过程。对于葡萄酒来说，发酵就是葡萄汁转化为葡萄酒的过程，在这个转化过程中，酵母菌会起到绝对性的作用，它会将葡萄中的糖分转化为酒精。对于面包来说，发酵就是酵母菌分解面粉里面的有机物，并产生水和二氧化碳的过程。烘烤后的面包里出现的一个个小孔就是酵母菌发酵后产生的二氧化碳引起的。

神奇的制醋小能手——醋酸菌

中国人做菜讲究色香味俱全，其中的"味"，指的就是酸、甜、苦、辣、咸。而中国人的"酸"多是醋带来的。中国人食醋的历史已有上千年之久，南北方各有其独特风味。在中国北方最著名的要数山西老陈醋，川蜀之地有阆中保宁醋，中原地区有河南特醋，更偏南的鱼米之乡还有镇江香醋和浙江米醋等。

要想了解醋的由来，不得不提到一种微生物——醋酸菌。

醋酸菌是革兰氏阴性菌，它们的细胞以椭圆形和直杆形为主。这些细胞有的喜欢独来独往，有的喜欢成群结队；有的周生鞭毛，有的侧生鞭毛。它们的代谢类型属于异养需氧型，简单来说，就是无氧不欢。只要有氧气，它们就会成长得飞快，没有氧气它们就活不长久。它们广泛分布于蔬菜、水果、花朵的表面，甚至在空气、水、土壤中也能找到它们的身影。

根据发育的最适温度和特性，醋酸菌可以分为两大类：一类是适应30℃以上的温度，能将糖类和酒精氧化成醋酸的醋酸杆菌；一类是适应30℃以下的温度，能将葡萄糖氧化为葡萄糖酸的葡萄糖氧化杆菌。

相比来说，前者应用范围更广。

醋在中国饮食界占据重要的地位，它们是怎么被制作出来的呢？

相传，最早的醋是由"酒圣"杜康的儿子黑塔发明的。黑塔学会酿酒后觉得酒糟扔掉十分可惜，就将其留了下来，继续浸泡在缸里。过了一段时间后，酒糟里就形成了一种酸甜兼备、味道很美的浆液。后来，因为发现这个浆液的时间是"酉"时，黑塔就将其命名为"醋"。

制醋过程大致可分为三个步骤。第一步，先用曲霉把大米、小米或高粱等淀粉类原料变成葡萄糖。第二步，酵母菌把糖变成酒精。第三步，就轮到醋酸菌上场了，醋酸菌具有氧化酒精生成醋酸的能力。在空气流通和温度适宜的情况下，醋酸菌迅速生长繁殖，把酵母制造的酒精氧化成醋酸，我们平常吃的醋就是这么来的。

如果说乳酸菌是酸奶发酵的核心，那醋酸菌就是酿醋的灵魂。不同的菌种酿出的醋风味也不同。法国一般选用葡萄酒来生产制醋的主要菌株，奥尔兰醋酸杆菌就是这么来的。欧洲还有一种速酿食醋菌种——许氏醋杆菌，它的产酸能力极强。我国常用的制醋菌种是AS1.41醋酸杆菌和沪酿1.01醋酸杆菌。前者是恶臭醋酸杆菌的混浊变种，后者属于巴氏醋酸杆菌的亚种，它们都是很好的工业酿醋菌种。

醋酸菌虽然在酿醋工作上兢兢业业，但它们偶尔也会制造一些小麻烦，比如，在酿醋的时候代谢产生多糖副产物。醋缸里的葡萄糖、果糖等营养物质被醋酸菌吸收后，就被转化为由许多个单糖分子组成的多糖结构或纤维素结构，而纤维素结构会形成醋酸菌的菌膜。在民间制醋工坊里会看到这种膜，它看起来就像是一大块脂肪，人们刚开始还以为是"醋里长出了肉来"。

这种"醋生肉"让食醋酿造工厂十分头疼。虽然它的产生会带来葡萄糖酸等副产物，使得食醋的口感更好，但它也会导致原料中的糖和蛋白质被过度消耗，让醋酸的产量降低。

　　我国是世界上用谷物酿醋最早的国家，据《周礼》所记推测，早在公元前8世纪，西周人就已有食醋的记录。春秋战国时期，已有专门酿醋的作坊。到汉代时，醋已经成为人们的日常调味料。南北朝时，醋的生产和销售已趋成熟，据说北魏贾思勰的《齐民要术》系统总结了我国劳动人民从上古到北魏时期的制醋经验和成就，书中共收录了22种制醋方法，这也是我国现存史料中对粮食酿醋的最早记载。

食物上的白色外衣——霉菌

在我们周边的空气中，有一些肉眼看不到的小小孢子，它们每天都随着气流游动，寻找降落点。它们着陆之后，便开始生长、繁殖，最后形成一个个真菌斑块，这时我们就能够发现它们了。看到它们时，我们通常都不太开心：哎哟，发霉了。

霉菌是丝状真菌的俗称。它们的特别之处在于菌丝体较发达，呈长管状，宽 2~10 微米，可不断自前端生长并分枝。同其他真菌一样，霉菌也有细胞壁，通常以寄生或腐生的方式生存。一般来说，潮湿、温暖的地方更适合它们生长，当大量菌丝交织在一起，就形成了菌丝体，也就是人们肉眼可见的各种绒毛状、絮状或网状的菌落，看起来就像是物品长了一层毛发。这些"毛发"颜色各异，常呈白色、绿色、黄色等明亮的颜色。菌落为白色毛状的是毛霉，菌落为绿色毛状的是青霉，菌落为黄色毛状的是黄曲霉。另外，霉菌的命名也常参考孢子的颜色，如黑霉菌、红霉菌或青霉菌。

一般来说，蔬菜和水果的表皮是霉菌最喜欢的着陆点，因为它们都不能久放，只要表皮稍微有破损，霉菌的菌丝就会深入其内部吸收养料，这些菌丝还会在空气中进一步发育为繁殖菌丝，产生孢子。霉菌的繁殖速度很快，常引起食品、用具大量霉腐变质，有时还会产生霉菌毒素，例如黄曲霉毒素，就是一种非常危险的致癌物质。

那么霉菌到底是从哪里来的呢？

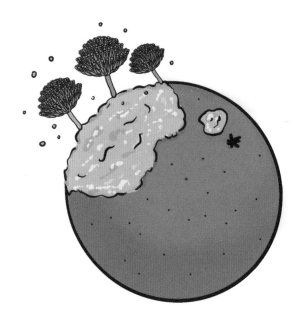

霉菌的孢子跟蒲公英的种子特别像，都是风一吹就随之飘散，落到哪里就会在哪里形成一个新个体。霉菌会借助孢子传播，孢子是霉菌的生殖细胞，每个孢子都能发育成一个新个体。因为孢子本身重量很轻，所以能在空气中飘来荡去，就算长途跋涉，它们也能活下来。

霉菌的孢子，通过吸收腐烂食物释放出的营养物质可以夜以继日地生长。长着长着，霉菌开始长出丝线。这些菌丝就像植物的根一样，可以吸收来自附着物的营养。菌丝长到一定程度时，它的顶端就会出现孢子囊，孢子囊中生成的就是孢子，每一个霉菌孢子囊中都包含成千上万个孢子。孢子成熟后，孢子囊就会爆裂开来，小小的新孢子便会随风飘散，这就是霉菌的生命循环全过程。

　　每件事物都具有两面性。虽然霉菌长得不讨喜，但在某种特定的情况下，它也会受到人们的喜爱。我们生活中常见的腐乳、臭豆腐、黄豆酱、西瓜酱等腌制品的制作都离不开霉菌。霉菌的参与不仅没有产生毒素，反而让这些食物的味道更加独特，使其产生开胃解腻、增加食欲的效果。

小知识

我们应该怎么做才能避免霉菌侵扰？

1. 经常给房间通风排湿，保持干燥。

2. 用紫外线灯照射来消杀空气中的霉菌。

3. 定期用 60℃ 以上的热水清洗洗衣机。

4. 家中的卫生死角要经常清理。

5. 用 75% 的酒精和醋擦洗感染霉菌的家具。

6. 搞好身体卫生，定期修剪指甲，出汗之后要洗澡，袜子要常换，贴身衣物要单独洗。

家畜的噩梦——布鲁氏菌

　　不只人的身体会感染细菌，动物也会。它们并不能像人一样感觉身体不舒服就去找医生，只能默默忍受致病菌的侵袭。饲养人一开始看不出什么问题，直到细菌让家畜的身体外观产生了变化，这时候，病菌对家畜的危害就已经不可阻挡了。

　　要说大型养殖场最害怕的是什么，除了瘟疫，那就是细菌感染。布鲁氏菌就是一种危险的致病菌，这是一种慢性传染病，潜伏期长，传播范围较广。布鲁氏菌主要侵害生物体的生殖系统，母畜一旦感染就会导致小范围内传染性流产，公畜的症状是睾丸肿大。因此，布鲁氏菌也被某些国家列为失能性生物战剂。

　　目前，已发现的布鲁氏菌属有牛种、羊种、猪种、绵羊种、犬种和沙林鼠种，共6个种。布氏杆菌曾经在我国某些地区暴发过，主要发生在牧场区域，以羊为主要感染群体。与羊群频繁接触的畜牧从业人员、畜产品加工人员和兽医也有可能被这种细菌感染，并且还可能成为新的传染源。

　　在布鲁氏菌的传染过程中，家畜是最主要的易感群体。感染该细

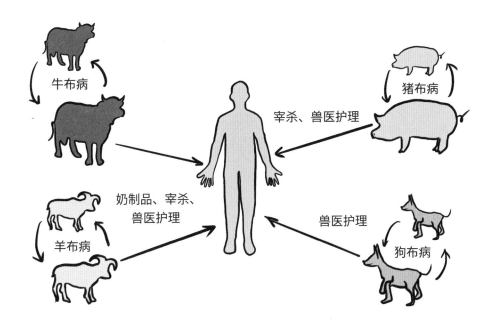

菌后，母畜肚中的胎儿很难保住。布鲁氏菌会随着羊水、胎盘和分泌物被排出体外，此时，负责接生的兽医处境就十分危险。布鲁氏菌的传染性很强，只要接触污染物就会被感染。它们还会躲在已被宰杀的牲畜肉体里和奶制品里，随食物进入人体消化器官。另外，这种细菌还会随着尘土和空气进入人的眼结膜，让人防不胜防。

　　布鲁氏菌能够在土壤、空气、水中和皮毛上存活数月，能够通过人类的皮肤和黏膜破损处直接进入人体，也可以通过消化道和呼吸道感染人体。它们从呼吸道进入人体后，首先被人体内的吞噬细胞吞噬，进入淋巴结。在这个过程中，它们会不断生长繁殖，大概2~3周后就会进入血液循环，感染全身器官。症状表现为，2~3周内反复发烧，并产生波浪状的热型，因此布氏杆菌病又被称为"波浪热"。

　　近年来，随着肉类价格上涨，国内养殖业迅猛发展。从事养殖的人多了，牲畜数量也加倍增长，有些养殖户不注意养殖的科学性和牲畜的环境卫生，就给了布鲁氏菌乘虚而入的机会，导致布鲁氏菌大面积传播。

普通民众该如何预防布鲁氏菌的传染呢？

当疫情在当地爆发时，应避免与牛、羊、猪等牲畜直接接触，也不要直接食用生奶及各类生奶制品；其次，处理肉类食材之后要彻底洗手；最后，要杜绝吃生肉。另外还要保持房间通风，因为布鲁氏菌也会通过呼吸道传染。

小知识

　　我们可以用常见的物理消毒方法和化学消毒方法杀灭布鲁氏菌。布鲁氏菌无法在 60℃ 以上的高温下存活，因此可以选择热水洗涤或者高温暴晒来消除衣物或者皮肤表面的布鲁氏菌。也可以使用含氯消毒剂、酒精等擦拭物体表面进行消毒。

粪便中的危险分子——沙门氏菌

每到夏天，人们都会贪凉，吃各种冰冻好的食物，如新鲜的瓜果、凉皮、凉面、冰激凌等。口腹之欲得到满足了，却为身体埋下了不小的健康隐患。因为，潮湿炎热的夏季是细菌最喜欢的季节。如果你因食物而卧倒在床，一定要赶快就医，不然有些"小东西"就会在你的肚子里安家了。对了，这个小东西有个名字——沙门氏菌。

沙门氏菌是一种常见的食源性致病菌，在哺乳类、鸟类、爬行类、鱼类、两栖类及昆虫身上都能存活。沙门氏菌属于肠道细菌，通常寄居在家禽、家畜及宠物的肠道中，是名副其实的"搅屎小能手"。除此之外，它们还会污染肉及肉制品、蛋类、奶类、蔬菜及其加工场所。人类的眼睛根本看不出来哪些食物已被污染，这也是沙门氏菌被称作"食物中的头号危险分子"的原因。全球范围内，每年因感染沙门氏菌而死亡的人数超过 10 万人。

沙门氏菌的生命力很强，如果没有外界因素干扰，它们便可在粪便、土壤、食品中生存数周或数月，哪怕是在冰箱的低温环境下，它们也能存活两个月。如果环境温度达到 20℃，它们就能大量繁殖。人如果不小心吃了沙门氏菌感染过的食物，几小时后就会出现呕吐、腹泻、发烧等症状，严重的还会危及生命。在被感染的人群中，免疫力低下的儿童和老人占了绝大多数。

　　除了侵入人体以外，沙门氏菌也不会放过与人类关系亲密的宠物。一般的动物身体里本就携带沙门氏菌，这些细菌会随着肠道中的大便被排出体外。有些家养宠物有刨坑埋掉大便的习惯，但有些不怎么讲卫生的则可能一不小心就将粪便弄在身上，于是沙门氏菌随之黏在其毛发上，与之亲密接触的主人就会遭殃。

　　常见的容易感染沙门氏菌的情况还有：食用不熟的肉类和鸡蛋；处理生肉和熟肉时交叉使用砧板，导致熟肉上也沾染沙门氏菌。

　　这样危险的沙门氏菌我们该如何防治呢?

　　正所谓"知己知彼，百战百胜"，沙门氏菌虽强，但也不是没有弱点。它们不耐高温，只要在烹饪食物时，用70℃以上的高温持续煮5

分钟，便可以杀死包含沙门氏菌在内的大多数食源性致病菌。沙门氏菌最喜欢肉类、蛋类、奶类，因此，在食用这些食品前应将其彻底加热。夏季室温下，熟食存放的时间不要超过两小时，剩菜剩饭要及时放入冷藏柜保存，以免细菌繁殖。还要养成饭前便后勤洗手的好习惯，防止携带者传染或自身反复感染。另外，还要尽可能少接触活禽。

小知识

早在 2004 年，世界卫生组织就将沙门氏菌归为 A 类病原微生物，即与婴儿疾病有确定的因果关系的微生物。这是因为婴儿本就是易感人群，再加上在婴幼儿奶粉中检测出了沙门氏菌。导致奶粉被细菌感染的原因大概有三个：一是生产环境不达标，二是灭菌不彻底，三是冲调后长期放置导致细菌繁殖。

冰箱里的冷血杀手——李斯特菌

与沙门氏菌一样危险的细菌还有李斯特菌，这是国际公认的最致命的食源性病原体之一。

李斯特菌又名单核球增多性李斯特菌、李氏菌，是一种兼性厌氧菌，由它引发的疾病又叫李斯特菌症。李斯特菌侵入生物体后有 3~70 天的潜伏期，潜伏期之后人体就会出现类似流感的症状：发热、剧烈头痛、恶心、呕吐、腹泻等。严重情况下，还会诱发败血症、脑膜炎，甚至死亡。

李斯特菌的分布范围极广，自然界中的土壤、水域（地表水、污水、废水）中，地表生物中的昆虫、植物、野生动物、家禽身上都有它的身影。而这些生物大部分又会变成人的食物，所以说"病从口入"是有道理的。与其他细菌不同的是，李斯特菌对温度要求不高，在 0℃~45℃ 的环境中都可生长繁殖，因此也被称作"冰箱里的冷血杀手"，它的存在严重威胁了人类的饮食安全。

一般而言，买回家的食物只要放进冰箱里就可以抑菌保鲜，但李斯特菌偏要特立独行。它们似乎早已习惯了冰冷的生存环境，所以在冰箱的冷藏室里也依然我行我素，繁殖生长。其中最危险的要数牛肉，因为它最容易滋生李斯特菌。在冰箱中，李斯特菌的污染速度非常快，其中一种食物被感染，其他食物也只能被忍痛丢弃。

　　李斯特菌还有个别称叫"孕妇的噩梦"，这是因为，孕妇感染李斯特菌的概率比常人高 20 倍。因此，为了胎儿的健康，孕妇要时刻警惕那些藏在隐秘之处的危险细菌，这让孕妇的保胎压力增加了许多。

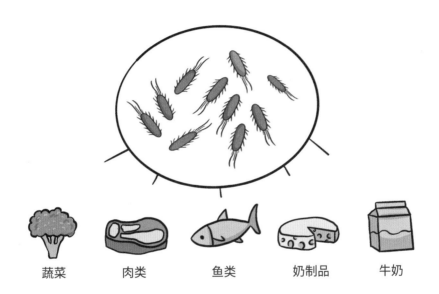

| 蔬菜 | 肉类 | 鱼类 | 奶制品 | 牛奶 |

　　其实，很多人不知道李斯特菌的危害。它们平时就像路边的小草一样，不会引起人们的半点注意，但这也正是它们最危险的一点。李斯特菌的生命力就像野火烧不尽的野草，它们甚至不需要氧气，就可以在极度缺乏营养的环境中生存。无论是在大型公共场所，还是在腐烂的植物、土壤、动物粪便、污水沟这样的角落，又或者是酷暑和严寒的恶劣天气，它们都能够找到办法活下去。研究者们发现，李斯特菌可以在潮湿的土壤中存活超过 295 天。要想灭杀它们，环境温度至

少要高于70℃，持续两分钟才行。

人体免疫机制正常的时候，并不是很害怕李斯特菌的侵入，我们的胃酸和胃肠道的免疫屏障会保护我们免受侵袭，此时的李斯特菌只是我们身体中的一个"过客"。但对于免疫力较差的老年人、儿童、重病患者而言，李斯特菌却会进入血液，造成菌血病。而对孕妇来说，李斯特菌尤其危险，因为它会通过胎盘，进入胎儿，造成致命的伤害。

夏天，人们喜欢吃一些凉的食物，有的人就会出现呕吐、腹泻等急性肠胃炎的症状，这时候可千万不要掉以轻心，要及时就医检查，因为，这很可能是乘虚而入的李斯特菌在作乱。

如何避免感染李斯特菌呢？

1. 食物彻底煮熟了再吃。

2. 冰箱要定期清洁消毒，冰箱里的食物要定期清理，存放过久的食物最好不要食用。

3. 冰箱里的食物，一定要生熟分开，避免相互感染细菌。

4. 不要吃没有经过高温消毒的乳制品。

5. 养成良好的卫生习惯，注意饮食卫生。

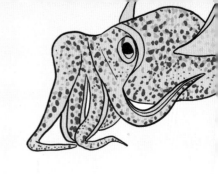

第三章
海洋里的"潜伏者"

　　海洋，是生命诞生的地方，也是原始细菌繁殖的温床。细菌的繁衍发展已经有上亿年之久，从沙滩到万米海沟，它们无处不在。现如今，海洋细菌的总量占到了海洋生物总量的 90%，海洋中再找不出比它们家族更"人丁兴旺"的了。海洋细菌多数存在于浅海的海底，其次是深海的海底，再次是上层水体。

　　它们的个子很小，有些可能不到 1 微米，但它们的作用却很大。海洋细菌又被称为"海洋中的分解者"，它们能够将海洋动物的粪便和尸体分解，促进海洋生态循环。

嗜盐如命的小鬼——副溶血性弧菌

很多人喜欢吃海鲜，因为海鲜不仅营养丰富，蛋白质含量高，吃了还不长胖。但是，海鲜虽好，却不宜多吃，因为大多数海鲜的体内都会存在一些我们看不见的毒素或者细菌，食用过量就会导致胃肠疾病的发生，其中最常见的就是副溶血性弧菌感染。

近年来，由副溶血性弧菌引起的食物中毒事件已经占到全部食物中毒事件的31%。在日本，这个数据甚至能达到60%。副溶血性弧菌究竟为何如此骇人听闻？

副溶血性弧菌是革兰氏阴性杆菌，它在显微镜下，有弧状、杆状、丝状等多种形状。它的家族以海为生，在海水中能够迅速繁殖。近海岸的海水、海底沉积物，另外包括海鱼、海虾、海蜇、海蟹等海产品都可能遭到副溶血性弧菌污染。除了海产品，在畜禽肉、咸菜、腌肉、咸蛋等含盐较高的腌制品中也发现有副溶血性弧菌的存在。这也是副溶血性弧菌的特征之一——喜欢待在盐分高的地方，因此它也被称为"嗜盐菌"。

人们最早知道这种细菌是在1950年，一位医生为一名食物中毒的

患者进行便检时，不经意发现了它。后来，医学专家就将此类食物中毒事件归纳为副溶血性弧菌食物中毒，也称嗜盐菌食物中毒。据调查，我国华东地区沿岸海水的副溶血性弧菌检出率为 47%~66%，海产鱼虾的平均带菌率为 46%~49%，夏季可高达 90%。

　　副溶血性弧菌食物中毒事件通常集中在 6 月至 10 月发生，因为此时正是食用海产品的最佳时期。有些人为了争一口鲜味，在烹调海鲜时特意减少时间，以至于肉没有熟透，细菌也就随之进入嘴里。副溶血性弧菌的存活能力很强，在抹布和砧板上能生存 1 个月以上，因此日常一定要对砧板做彻底清洁。近些年来，由于海鲜空运线路畅通，副溶血性弧菌中毒事件在内地城市也越来越多。海鲜诚可贵，生命价更高啊！

　　由副溶血性弧菌引起的食物中毒一般表现为急发病，潜伏期2~24小时，通常是10小时后就会发病。该细菌主要是通过消化道感染人体，从而引起腹痛、呕吐、腹泻等症状，腹痛以脐部阵发性绞痛为特点，严重时还会导致休克。副溶血性弧菌也能通过血液感染人体，比如处理海鲜时不小心划破了手，细菌就可能通过伤口进入血液，破坏红细胞，引发溶血，甚至致死。

　　这种细菌，喜咸不喜酸，对高温的耐受力也较弱。没有盐分的支撑，副溶血性弧菌就不能生长。要想消灭它，可以使用常见的普通食醋，只要将感染了该菌的海产品放入醋中，5分钟即可实现灭菌。当然也可以使用常规的高温消毒法，将被感染的食物放入水中加热5~10分钟，也可以完全杀菌。当然家里要是有盐酸的也可以使用盐酸，副溶血性弧菌在1%浓度的盐酸中最多坚持5分钟就会彻底失去活力。

怎么避免由副溶血性弧菌引起的食物中毒？

　　最好不生食海鲜，购买时还要注意海鲜本身是否干净。用来装海鲜的容器以及接触海产品的手要彻底消毒，在消毒前不要接触其他食物原材料。清洗海鲜时，要用淡水反复冲洗，也可以使用苏打水。烹制海鲜时，要将其煮得完全熟透，食用时最好和食醋一起吃。

水中的浮游生灵——蓝细菌

蓝细菌以前也被称为蓝藻或蓝绿藻，是一类大型单细胞原核生物，归属于革兰氏阴性菌，且无鞭毛。蓝细菌从外观上看像绿色植物，其细胞内含有叶绿素，能够像植物一样通过光合作用制造氧气。

从细胞结构上来看，蓝细菌的细胞比一般细菌大，通常直径为3~60微米。根据细胞形态的不同，蓝细菌可分为单细胞和丝状体两大类，包含球形、杆形、螺旋形、卵形、链形及丝状等形态。蓝细菌的形态并不是一成不变的，而是会随着自身成长和环境的变化而改变。

在自然界中，蓝细菌的存在有其特殊的意义。它们存在于各种水体、土壤中以及部分生物体内外，也能适应高温、盐湖、荒漠、冰原这样的环境，因此人们给了它一个称号——先锋生物。蓝细菌是海洋生态系统中重要的一环，它的出现使得整个地球大气从无氧状态发展到有氧状态，为好氧生物的生存和发展提供了必要的环境支持。

它还能把水中的氮气转化为硝酸盐和亚硝酸盐等物质，为海洋中的其他浮游植物提供营养。除此之外，蓝藻在岩石风化、土壤形成以及水体生态平衡中也起着重要的作用。有超过120种蓝细菌被证实具有固氮能力，它们能在土壤表面形成一层保护膜，提高土壤的肥力，因此人们也叫它"绿肥"。

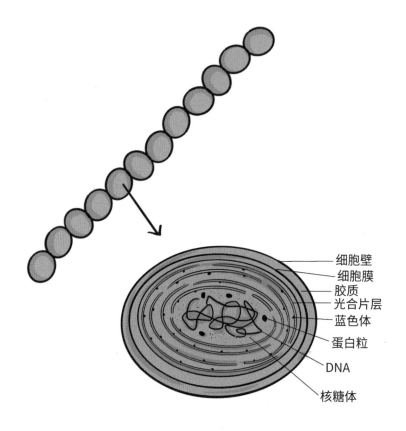

细胞壁
细胞膜
胶质
光合片层
蓝色体
蛋白粒
DNA
核糖体

在某些时候，蓝细菌还可用来作为水体质量的参照物。它们能在氮、磷丰富的水体中旺盛生长，使水色变成蓝色或绿色，有的蓝细菌还能散发出草腥味或霉味，例如铜绿微囊藻、曲鱼腥藻等。

当然，蓝细菌也不是毫无缺点，有时，它也会给人类带来困扰。近年来，随着污水的超标排放，湖泊、近海水域中氮、磷等营养物质浓度剧增，给蓝细菌创造了繁殖的条件。于是，它们迅速占领水面，引起海水"赤潮"现象和湖泊"水华"现象。由此产生的后果，轻则污染水质，重则导致水生动物大量死亡，严重影响渔业生产。

蓝细菌的环境适应能力很强，从水生到陆生生态系统，从热带到南北两极，都有它们的种群的分布。蓝细菌一般是蓝绿色，但它们家族中也有浅绿色、浅红色的成员。一些蓝细菌还能与真菌、苔藓类、苏铁类植物、珊瑚，甚至一些无脊椎动物共生。

另外，蓝细菌中还有许多种类可以用来制作美食，例如普通木耳念珠蓝细菌（即葛仙米，俗称地耳）、盘状螺旋蓝细菌、最大螺旋蓝细菌等，甚至有许多螺旋藻已经被开发成可以增强免疫的保健品。但也不是所有蓝细菌都能吃。就拿微囊蓝细菌属来说吧，这类蓝细菌体内含有可以引发人类肝癌的毒素，吃了可是会要命的。

小知识

　　蓝细菌最晚出现于 35 亿年前。原始的蓝藻细菌在海洋中不断地繁殖、发展，释放出了大量的氧气，使地球由无氧环境转化为有氧环境，造成当时的厌氧生物大规模灭绝。科学家们已从约 30 亿年前的叠层岩和黑色页岩中发现了证明蓝藻细菌存在的分子化石。

海洋隐士里的小巨人——纳米比亚嗜硫珠菌

通常意义上的细菌大多都是肉眼无法见到的，它们的体形只有微米大小，人类要想看到它们的真面目，必须通过显微镜才行。但最近一项新发现刷新了人们对细菌的认知——科学家们在纳米比亚海边的沉积物中，发现了一种肉眼可见的巨型细菌。

当时，研究人员将采集到的沉积物样本在实验室铺开后，发现其中漂浮着一条由一个个细胞组成的带状物质，他们刚开始还以为这是某种小鱼小虾的卵，等到研究结果出来，大家直呼看走了眼：这居然也是一种细菌！

这种细菌的细胞是球形的，直径约 750 微米，体积是大肠杆菌的108 倍，呈球状和链球状，细胞肉眼可见。细胞内部主要是一个大液泡，细胞质占比仅为 2%。它们体积巨大是因为细胞内包含着一个盛满硝酸盐溶液的大泡囊。在氧气不够用的情况下，这些硝酸盐溶液就可以和硫化氢发生氧化还原反应，生成硫单质，为细胞体提供能量。研究者根据它的这一特性将其命名为"嗜硫珠菌"。

嗜硫珠菌以硫化氢为食，它们会将硫化氢氧化成单质硫颗粒储存在细胞里。这些硫颗粒通常呈链状，有共同的外膜系统，在显微镜下会呈现出异样的光彩，使得细胞表面就像打磨好的珍珠一样，发出淡淡的光芒。因为发现这个细菌的地点是纳米比亚海岸，因此这种细菌的全称为"纳米比亚嗜硫珠菌"。因为其细胞特性，也有人将它称为"纳米比亚的硫黄珍珠"。

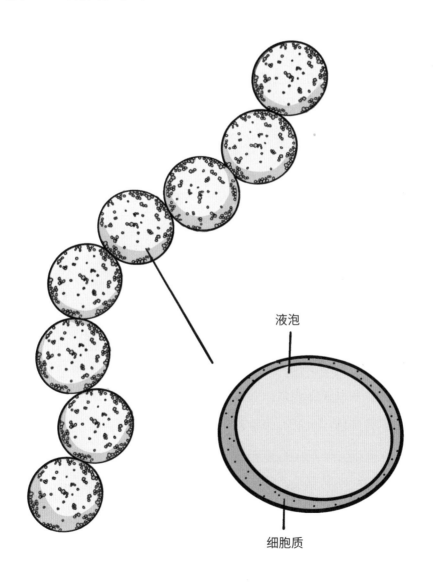

液泡

细胞质

海洋中，还有另一种和纳米比亚嗜硫珠菌大小接近的细菌——费氏刺尾鱼菌。1985年，科学家在红海的刺尾鱼肠道中发现了它们，它们和刺尾鱼属于共生关系。这些细菌的形状就像一把梭子，其体长可达700微米，宽约80微米，体积是大肠杆菌的106倍，周身布满鞭毛，依靠鞭毛的运动可以四处游动。

除了体积惊人之外，费氏刺尾鱼菌最独特的地方要属其繁殖方式——胎生，这让它们与其他通过分裂生殖的微生物存在根本的区别。繁殖期间，费氏刺尾鱼菌的母细胞两端会各自产生一个非常细小的、像孢子般的子细胞，就像两个小眼睛一样。为了能长大，它们会在母细胞液中不断地吸收营养，直到母细胞死亡。它们就会破壁而出，变成两个全新的细胞。

小知识

最小的细菌

一般细菌的细胞直径都在1微米以上，而芬兰科学家却在尿结石中发现了一种纳米细菌，其最小细胞直径为50纳米，体积与病毒相似。它的细胞分裂缓慢，3天才完成一次分裂，是目前已知最小的具有细胞壁的细菌。

鱼儿发光之谜——费氏弧菌

提到发光生物你会想到什么呢？萤火虫？又或者是深海鮟鱇鱼？其实，自然界中有很多神奇的物种，它们都有着发光的本事。而我们今天要了解的主角有点特别，它是一种细菌，还特别擅长帮助其他物种发光，它就是费氏弧菌。

对于住在海里的小动物来说，危险无处不在，无论在白天还是夜晚，都会有天敌虎视眈眈。月色对人类来说是美景，对夜行鱼来说却是催命符，月光照亮了海面，将它们的踪影暴露在猎食者的眼前。猎食者就靠着猎物在月光下的阴影来狩猎。鱼儿们也进化出了许多保命的绝招，比如借助发光细菌来隐藏自己。费氏弧菌就这样出现在人类的视野中。

费氏弧菌是革兰氏阴性菌，普遍存在于海洋中，有时也会出现在海洋生物体内，它们的存在可能会造成海洋鱼类与甲壳类细菌感染。人类第一次发现它的踪迹是在夏威夷短尾鱿鱼体内，费氏弧菌与这种鱿鱼属于共生关系，短尾鱿鱼的发光器官是专为费氏弧菌而设计的，不适合其他细菌生长。

通常，费氏弧菌会在海中游荡，等待夏威夷短尾鱿鱼的传唤。等它们感受到短尾鱿鱼的头部分泌出来的信号物质时，就会向其靠近，然后进入短尾鱿鱼的发光器中。等到菌群密度达到一定阈值时，费氏弧菌就会在糖分与其他物质的刺激下开始绽放光芒。在这种光芒的作用下，短尾鱿鱼在月光下的阴影就不见了，这样不仅能让隐藏在暗处的猎食者弄不清楚短尾鱿鱼的位置，还可以帮助短尾鱿鱼觅食其他趋光性小鱼，可谓一举两得。

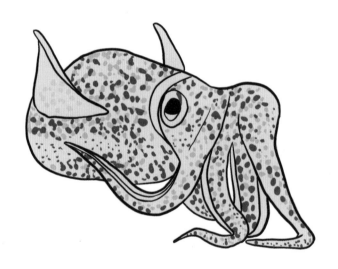

作为上天安排的绝佳搭档，短尾鱿鱼和费氏弧菌几乎形影不离。白天，短尾鱿鱼体内的费氏弧菌的密度不够，所以光芒不显；到了夜晚，费氏弧菌的密度会逐渐升高，短尾鱿鱼绽放的光芒就会十分明亮。它们在一起度过漫长的黑夜之后，一些费氏弧菌会与鱿鱼发光器短暂分离，减少鱿鱼体内能量的消耗。等到第二天晚上，鱿鱼体内能量充足时，费氏弧菌又会回到鱿鱼体内进行发光。如此周而复始。

你们知道，费氏弧菌之间是如何呼唤彼此的吗？

费氏弧菌之间存在一种特别的与群体密度相互作用的刺激和反应系统，又叫群体感应。位于短尾鱿鱼体内的费氏弧菌会发出一种游离小分子，这就像是一种专属的发光信号，其他在水中游荡的费氏弧菌接收到这种信号就会默契地向其靠近。当费氏弧菌密度不够发光条件时，游离的小分子就像宣传队一样很快向四周散开，去呼朋引伴。而当费氏弧菌密度达到发光条件时，这些小分子就会传递发光的信号，这个信号就是发光的启动器。于是，海洋中又多了一盏小灯。

小知识

群体感应现象在细菌的日常交流中十分常见。研究者由此现象产生了关于破解致病菌思路的思考：如果可以人为地发出干预细菌正常交流的信号，例如"聚集"或者"自杀"，对那些受细菌侵扰的病患来说会不会是一种福音呢？

海洋中的"无声杀手"——海洋创伤弧菌

夏天是海滩最热闹的时候，人们会在海边玩耍，捡贝壳，冲浪，享受日光浴。虽然很舒适，但也要小心一些潜在的危险，海洋里的细菌不可轻视。

海洋创伤弧菌是一种弧菌科细菌，与霍乱弧菌、肠炎弧菌一样，是致病性弧菌。它们大多生长在热带及亚热带海域近岸以及河海交界处的海水中。此外，海洋创伤弧菌还会寄生在牡蛎、虾蟹、贝壳类生物的体表和肠道之中，随着捕捞渔船进入海鲜市场。

这种致病菌的主要传播途径是伤口传染。我国的广东、福建、海南等地都曾出现过感染病例。海洋创伤弧菌感染病例高发期是夏季，因为夏季海水温度较高，更适合病菌繁殖，再加上海鲜上市，病菌也一起流入海鲜市场。捕捞和贩卖海鲜的人被感染的概率最大，一旦感染海洋创伤弧菌，48小时内没有得到紧急救治的话，75%的患者可能会丧命。

海洋创伤弧菌会随着海水侵入人体皮下组织，消耗皮下组织的氧气，造成组织缺氧，创造出适合厌氧菌生存的环境，趁机疯狂繁殖，这会造成浅筋膜组织不断发炎。海洋创伤弧菌还会产生一种透明质酸酶和肝索酶，导致小血管内形成血栓，影响组织的血液流动。这种酶会将身体组织分解、破坏，迅速扩大感染范围，引起皮肤组织的广泛性充血、水肿以及坏死，严重的还会诱发脓毒症和败血症，危及患者的生命安全。

感染这种细菌后发病极快，病情凶险，进展迅速，病死率高。如果是四肢局部感染，只有立刻截肢才能保住性命。

如何才能避免海洋创伤弧菌感染呢？

第一，在身体有伤口时不要到海边戏水。第二，所有海鲜绝对要煮熟再吃，鱼、虾、蟹、贝类，蒸煮时需加热至100℃。适合凉拌的海鲜也要反复清洗干净后，在100℃沸水中焯烫数分钟，将细菌全部杀死。第三，海洋捕捞者和贩卖、处理海鲜食材的人，在捕捉或宰杀海鲜的过程中，一定要戴手套，避免被扎伤。第四，烹饪海鲜时一定要生熟分开，以免食物间交叉污染。

　　如果你在海边玩耍时不小心被鱼、虾、蟹或者贝壳划伤，一定要做好急救措施：立刻将被划伤处的血液挤出，然后用清水冲洗，有条件的可以用热水或者酒精消毒。如果处理完之后，仍然出现局部皮肤疼痛、瘙痒、肿胀或身体发热等症状，必须马上到医院就诊。

第四章
土壤里的"清洁工"

  土壤可以说是微生物的大本营，每克土壤都含有上亿个微生物，其中包含大量的细菌、真菌和放线菌。在这个大本营里，食物充足，所以驻扎有种类繁多、数量巨大的微生物。不过，土壤中的微生物绝大多数是对人类有益的，它们为促进自然界的物质循环立下了汗马功劳。

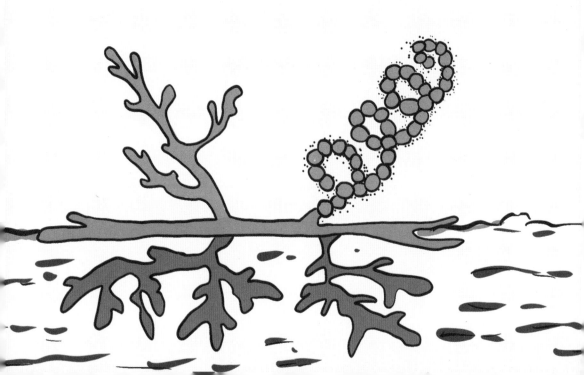

土壤发育的促进者——细菌

要说土壤中什么微生物最多，那必然是细菌。细菌的数量占土壤微生物总量的 70%~90%。

土壤中的细菌对植物的生长发育也有着非常重要的影响。作为生态系统中的分解者，细菌能分解有机质，释放养分，供植物成长。有些细菌甚至还能直接分解岩石，就拿硅酸盐菌来说吧，它不仅可以分解土壤中的硅酸盐，还能分离出高等植物才能吸收的物质。

除了对植物有益外，细菌还是土壤发育、演变过程中的绝对功臣。在土壤中，细菌会通过代谢活动中氧气与二氧化碳的交换，以及分泌有机酸等有助于土壤粒子形成的方式，加速土壤变化的进程。

土壤中的细菌，以放线菌为主，也包含部分真菌、藻类和原生动物。它们不仅种类繁多，数量更是惊人。每克土壤含有超 100 万个细菌，肥沃土壤中细菌含量更高。它们在这片土壤中和谐共生，互不打扰，各自摄取所需食物。不仅如此，细菌还有分解作用。一些植物的残根、烂叶、落叶等，都可以被细菌腐烂并分解，转化为营养元素，供给植物，在这些过程中形成的腐殖质，还可以改善土壤结构。常年耕种的土壤里，难免会残留一些农药和其他有害物质，这对农作物的生长有百害而无一利，而细菌可以分解这些有害物质，使它们变得低害，甚至无害。

有利必有弊，有些细菌也有自己的坏心思。大量施用化肥，尤其是氮肥，可导致土传病菌中的镰刀菌、轮枝菌和丝核菌生长，从而造成严重的土壤污染。病菌污染一旦出现，就很难消灭，来年还会继续侵害作物，重复循环。幸运的是，生物学家们已经研究出清除土壤有害细菌的药剂，给了农民伯伯可靠的保障。

有些细菌虽是传染病的病原体，但大部分菌种及其生命活动具有经济价值。例如，用酵母菌制作面包，用乳酸菌制作乳酪及酸奶，用醋酸菌制作美酒等，还有一些细菌菌种已成为基因工程的主要工具。

　　食物源于土壤。据估计，95%的食物直接和间接地产自土壤。因此，食物的可供性取决于土壤。只有健康的土壤才能生产出健康优质的食物。健康的活性土壤是粮食安全和营养的重要保障。

真菌中的酿造专家——米曲霉

在真菌家族中，有一位酿造"专家"，叫曲霉，味道鲜美的腐乳就是靠它制作出来的。曲霉属于多细胞霉菌，它的菌落有各种颜色，比如黄曲霉、红曲霉、黑曲霉、米曲霉等，就是由菌落的颜色而得名的。

我们今天要给大家分享的是米曲霉。

米曲霉是黄曲霉被人类驯化后的变种，相比祖先，它已经失去了原本很厉害的毒性，成了食品发酵的重要菌种。例如酱油、烧酒、料酒，都是由米曲霉发酵而来的。米曲霉是酿造业的三大菌种之一，还被日本人称为"国菌"，有着超高的地位。

不仅如此，米曲霉在农业上也有着重要作用。在农家肥堆肥发酵的时候，米曲霉能够与各种细菌和真菌协同工作，分解其中的蛋白质、纤维素、半纤维素、木质素。因为米曲霉的细菌活性很高，降解能力强，还同时具备了升温、除臭、消除病虫害的效果。在氧气充分的条件下，米曲霉还能使堆肥迅速地分解矿化，把其中的氮、磷、钾、硫等转化成简单的无机物，便于农作物吸收。

然而，米曲霉的祖先——黄曲霉却是个坏家伙，例如长期放在阴暗处的豆子、花生表面会长出黄毛，这便是黄曲霉的杰作。黄曲霉存在于我们生活中的方方面面，尤其容易出现在湿热的环境中，小到我们食用的花生、玉米、大豆，大到土壤、动物、植物，都有可能被黄曲霉毒素污染。

　　黄曲霉毒素不仅会造成动物中毒死亡，还能诱发人类疾病。黄曲霉毒素的免疫抑制性，可以致癌、致畸。黄曲霉毒素作为一种剧毒物质，致癌仅仅是其危害的冰山一角，短期大量摄入黄曲霉毒素还会造成急性中毒，出现包括急性肝炎、肝组织出血性坏死等在内的肝损伤疾病。哪怕是少量的黄曲霉毒素，若是长期摄入也会出现肝纤维化、生长发育迟缓、不孕、胎儿畸形等慢性中毒症状。

如何用米曲霉制作酱油？

传统制作酱油的原料只包含大豆、小麦、水和盐。

1. 将大豆浸泡在水中，然后高温蒸好备用。同样地，小麦也需要经过高温烘焙，再磨成粉末状。

2. 光有原料还不够，还要有酿造酱油的主角：米曲霉。将大豆和小麦混合后放入发酵池中，再接入米曲霉，控制温度和湿度，让米曲霉在粮食的温床里茁壮成长，并放置二至三天发育。

3. 接下来加入水和盐，让整个混合物放在罐中发酵几个月乃至一年时间。在发酵过程中，米曲霉菌的酶作用于大豆和小麦蛋白，逐渐分解成氨基酸、单糖，再经过一系列复杂的反应形成醇、醛、酯等香味物质，同时产生焦糖色。

4. 至此，手工酿造酱油的所有步骤完成，剩下只需要沥出酱油原汁，再经过加热杀菌、配制、包装，就完成啦。

最多变的微生物——真菌

真菌在地球上已经存在多长时间，到现在还是个谜。真菌的有些特点和植物相似，然而在某些方面又和动物相似。人们后来根据营养方式的比较研究，发现真菌既不是植物也不是动物，而是一个独立的生物类群。

地球上的真菌多种多样，千奇百怪，但它们拥有一个共同点——"懒"。它们会通过寄生、腐生或者共生方式来吸取所需的营养，属于典型的异养生物。无论有机体是死是活，真菌都可以向它们渗入有分解作用的液体，以此来获取维持自己生命所需的营养。它们的营养池包含动植物的活体、死体和它们的排泄物，以及断枝、落叶和土壤腐殖质等。

说到真菌，可能大家会想到可以作为食物来吃，像口蘑就是美味的真菌，但是许多人不知道，真菌还有其他一些十分强大的功效。对于大自然来说，真菌可以分解自然界中许多难以分解的物质，为大自然提供清洁服务。真菌不仅分解岩石，还能分解植物材料，从而提高土壤肥力。不仅如此，土壤里的真菌以及菌丝体的细纤维，可以使土壤形成网状结构，从而帮助土壤抵抗侵蚀，并且提高透气性。这样的土壤，十分有利于植物的生长。真菌的存在可以减少水土的流失，减少各种化学肥料的使用。

真菌的作用可不只这些，它们还可以消灭有害昆虫呢。害虫对植物来说危害极大，所以人们在种植农作物的时候，总是会使用一些农药来消灭昆虫，可是害虫的抗药性越来越强，所以想要消灭害虫是越来越不容易了。有研究者提出可以利用真菌来消灭一部分害虫。比如在热带的一种寄生真菌，能够让蚂蚁变成"僵尸"，并且还能在蚂蚁的

头上发芽。这种真菌直接侵入蚂蚁体内，被感染的蚂蚁就会变成"僵尸"，离开自己的"王国"，将真菌带到新的地方。

真菌的种类

1.很多真菌都是营养丰富而且美味的食材，如黑木耳、平菇、金针菇等。

2.很多真菌被作为传统中药材使用，如灵芝、冬虫夏草等。

3.真菌还可作为生物杀虫剂。如白僵菌、绿僵菌、被毛孢、蜡蚧轮枝菌等，可以消灭农业害虫。

土腥味的由来——放线菌

　　医生常常使用链霉素、红霉素这一类抗生素药物来治疗病人，而产生抗生素的原料就是本文的主角——放线菌。放线菌是单细胞结构，因菌落呈放射状而得名。

　　每当雨过天晴，我们总能在空气中闻到一股泥土的芬芳，这个味道清新自然，总是让人贪婪地想要多吸两口。那么这个"香味"的来源到底在哪儿呢？

　　这个秘密啊，就藏在土壤中。其实在稀疏多孔的土壤中，存在着一种有"土腥味"的特殊物质，叫作土臭素。这种土臭素的来源便是放线菌。当雨滴落到地面时，会把放线菌包裹起来，形成许多的小气泡，当这种气泡扑面而来时，我们就会闻到泥土的清香了。

　　土臭素是一种醇，醇类分子往往会在挥发过程中释放强烈的气味，而潮湿的天气有助于提升放线菌的活性并形成更多的土臭素。所以，小雨过后，我们更能感受到泥土的芬芳。值得注意的是，放线菌不仅能提供"泥土的清香"，在医学上也起着至关重要的作用，是一枚妥妥的宝藏菌。各种各样的放线菌可以合成多种多样的抗生素，目前得到利用的已经超过 4000 种。

　　放线菌大多生活在土壤中，其中绝大部分都是腐生菌。它们以孢子或菌丝状态广泛分布在土壤中，使其产生天然的活性物质。厉害的放线菌孢子可以通过分解其他细菌所不能利用的含碳基质，产生大量的水解酶和次生代谢物，从而维持土壤动态平衡。

　　研究发现，放线菌能腐烂分解动植物的尸体并将其"吃"光光，转化成有利于植物生长的营养物质，这些小家伙为自然界的物质循环立下了不小功劳。

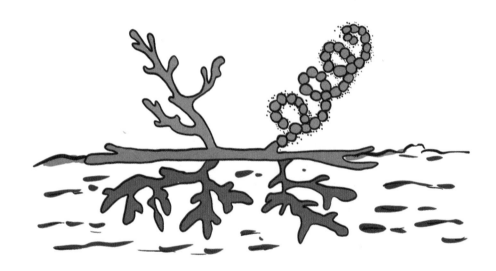

小知识

　　放线菌是一种革兰氏阳性菌，跟人类的生活也是密切相关的。它们大部分对人体没有危害，但也有少部分会引起疾病，例如寄生型放线菌。

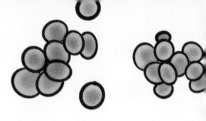

第五章
空气里的"流浪者"

在人们看不见、摸不着的空气中，飘浮着无数细小的灰尘，这些灰尘就是微生物的藏身之处。靠着灰尘的"提携"，微生物在空气中四处奔跑，横冲直撞，通常灰尘越多的地方，微生物也就越多。它们无处不在，不计其数，只是我们的肉眼看不到罢了。我们呼吸的空气中就可能飘浮着细菌，比如白喉杆菌、金黄色葡萄球菌、溶血性链球菌、百日咳杆菌……

水体质量的保障——芽孢杆菌

芽孢杆菌无处不在，不仅藏在空气中，还存在于土壤、水以及动物的肠道中等地方。

芽孢杆菌虽然是一种简易的细菌，却能强劲地分解碳系、氮系、磷系、硫系污染物，同时还能与养殖环境中的有害藻类及病菌竞争并将其打败。芽孢杆菌的种类有很多，如枯草芽孢杆菌、地衣芽孢杆菌、凝结芽孢杆菌、缓慢芽孢杆菌、环状芽孢杆菌、芽孢乳杆菌等。

不仅如此，芽孢杆菌深受养殖户的喜爱，是养殖户经常使用的一种有益菌。它们稳定性强，抗逆性好，可以在多种环境中生存繁殖，尤其在水产养殖中，芽孢杆菌更受欢迎。

相对于其他细菌来说，芽孢杆菌的保湿性能非常突出，能给土壤形成一层绝佳的保护膜，守住肥力和水分。芽孢杆菌还有着极强的分解有机质的能力，可以将难分解的大分子物质分解成可利用的小分子物质，并在此基础上合成多种有机酸、酶等生理活性代谢生成物。另一方面，芽孢杆菌还能抑制土壤或水体中有害菌、病原菌等微生物的生长繁殖。

　　虽然大多数芽孢杆菌是无害的，但不免有一些动坏心思的小家伙，如蜡样芽孢杆菌和炭疽芽孢杆菌。

　　蜡样芽孢杆菌会产生一种让人呕吐的毒素。这种毒素非常厉害，会刺激胃肠道神经，还会破坏肝细胞线粒体，导致肝细胞中毒。这种毒素的生命力十分顽强，哪怕是在126℃的高温下烘烤90分钟，毒性依然存在，让人感到恐惧。

炭疽芽孢杆菌是致病菌中最大的细菌，人体一旦感染，几乎注定逃避不了死亡的结局。虽然现在炭疽芽孢杆菌并不是很常见，但我们还是必须时刻警惕，提高防范意识，远离炭疽芽孢杆菌。

小知识

芽孢杆菌的五大用途

1. 芽孢杆菌可以净化水体，分解池塘中的各种有机质，例如残饵、粪便、死亡的藻类等。

2. 芽孢杆菌可以起到增强水肥的效果，池塘里有肥水膏、氨基酸肥的时候，可以配芽孢杆菌，因为它能把肥水产品中的大分子肥料分解为小分子的无机盐，从而增强肥效。

3. 能够有效抑制蓝藻、裸藻、甲藻的过度增殖。

4. 当池塘水质恶化需要补充菌种的时候，可以补充芽孢杆菌，因为它的繁殖速度很快，4小时可增殖10万倍，而标准菌4小时仅可增殖6倍。

肠道健康的秘密——乳酸菌

在日常生活中，酸奶和发酵乳制品是人们喜爱的饮品。这不仅是因为它们滋味独特、酸甜可口，更是因为它们具有极好的保健功能。"多喝酸奶有益身体健康"的观念越来越深入人心，而具有益生功能的乳酸菌便是其中最大的功臣。

乳酸菌是一类能利用可发酵糖类产生大量乳酸的细菌的统称。简单来说，就是能产生乳酸的细菌，都叫乳酸菌。

乳酸菌在调节胃肠道正常菌群、提高食物消化率、降低血清胆固醇、提高机体免疫力、改善排便状况等方面发挥着重要作用。对于习惯了胡吃海喝的人来说，乳酸菌无疑是一大福音。

现在，很多人都会选择含有乳酸菌的食品饮料，来为肠道"空投"有益菌，调节肠道，促进消化，保持肠道的健康。

关于乳酸菌还有着这样一个传奇故事。在 13 世纪初，蒙古人征战四方的时候，一代天骄成吉思汗在战斗中不慎受伤，在失血的紧要关头，士兵们不顾生命危险，冲破敌阵，寻找酸马奶给成吉思汗补充能量。成吉思汗率领的大军之所以所向披靡，除了战斗力强，还因为他们有一种鲜为人知的秘密武器——酸马奶。酸马奶可以帮助他们恢复元气。

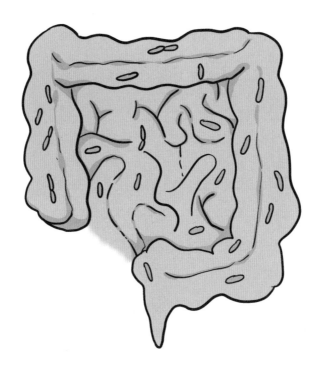

等到了 19 世纪，法国科学家路易斯·巴斯德从啤酒中发现了乳酸杆菌，这些乳酸杆菌可以使啤酒发酸。后来，英国的外科专家约瑟夫·李斯特在巴斯德的基础上，从酸败的牛奶中分离出了乳酸菌。随着时间的推移，在 20 世纪初，俄国科学家伊拉·梅契尼科夫正式提出了"酸奶长寿"理论。通过研究保加利亚人的饮食习惯，他发现长寿人群有着经常饮用含有益生菌的发酵牛奶的传统。梅契尼科夫在其著作《怎样延长你的寿命》中阐述了自己的观点和发现。

乳酸菌的优点

1.帮助消化，保持肠胃健康。乳酸菌在肠道里可以促进食物的分解代谢，尤其是糖、蛋白质和脂肪的分解代谢，可以促进营养物质的吸收，起到促进机体生长发育的功效。

2.缓解腹泻。乳酸菌可以调理肠道，有助于消化，还有抗炎的作用，所以在拉肚子时可以适当喝乳酸菌。

3.预防癌症。乳酸菌在人体的肠道内大量生长，对于微生物会有一定的拮抗效果，同时还会抑制致癌细菌的产生，进而减少致癌的概率。

4.调节便秘。乳酸菌可以改善肠道内的环境，调节肠道微生态的平衡，促进肠道蠕动，缓解便秘。

5.合成维生素。乳酸菌在代谢过程中消耗部分维生素，也可以产生维生素 B，包括维生素 B_1、B_2、B_3、B_6 等。

恐怖的白色瘟疫——白喉杆菌

随着现代医学的逐渐强大，人类设置了一个小目标，那就是消灭传染病。目前来看，人类努力的成绩还不错。让人谈之色变的天花病毒已被消灭；能使人瘫痪的脊髓灰质炎病毒，也就是小儿麻痹症的病原，也即将被消灭；被称为白色瘟疫的白喉杆菌也要被人类封印起来了！

说起传染病白喉，它以前可是个狠角色。它是由白喉杆菌引起的一种急性呼吸道传染病，属于我国法定乙类传染病，与我们更为熟悉的"非典"、猪流感、艾滋病、狂犬病、乙肝等传染病属于同一管理等级。白喉分为咽白喉、喉白喉和鼻白喉三种类型，其中咽白喉是最常见的一种。

人类是白喉杆菌的唯一宿主，病菌在潜伏期的传染性略高。白喉强大的毒性会破坏患者的心脏和神经组织，使患者出现发热、憋气、声音嘶哑、犬吠样咳嗽、扁桃体及其周围组织出现白色伪膜的病症，严重的还会出现全身中毒的症状。白喉杆菌还会随着病人或带菌者的飞沫散播到空气中，如果人们不慎吸入便会被感染。

尽管白喉很厉害，但它依然不是人类的对手，因为人类已经研发出了专门针对白喉杆菌的疫苗。

在 19 世纪初，白喉病一度引发了多个国家的恐慌，有很多知名人物都因感染该病去世，其中包括英国维多利亚女王的女儿爱丽丝公主。很长一段时间内，人们对防治白喉无能为力。

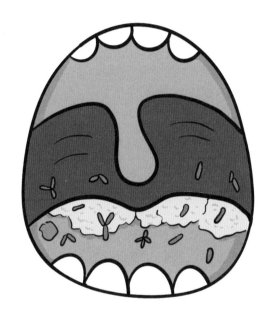

直到埃米尔·冯·贝林医生找到了解决办法，他研制出了降低白喉死亡率的疫苗。1892 年，人类首次使用白喉抗毒素进行人体实验，尽管开始失败了，但经过不懈努力、不断改良后，最终如愿以偿，取得了成功。在那时，白喉是世界上儿童致死率最高的疾病。基于埃米尔·冯·贝林医生在防治白喉病上所做的贡献，他被冠以"儿童救星"的称号。

虽然我们已经研发出了专门针对白喉杆菌的疫苗，但是也不能放松警惕。人们在免疫力低下的时候，很容易遭到白喉杆菌的入侵，所以我们要学会预防。

那么白喉的预防措施有哪些呢？

第一，对于感染白喉杆菌的人群要采取隔离措施直到其症状消失。对患者的衣服、生活用品以及生活环境都要做彻底消毒，及时消灭传染源。

第二，注意保持口腔清洁、饮食规律，多补充高蛋白、高营养的食物，少吃辛辣的食物。

第三，平时注意多锻炼，增强体质，以提高抵抗白喉杆菌危害的能力。

 小知识

在显微镜下仔细观察，会发现，白喉杆菌的形状是又细又长并且弯曲的，大多数白喉杆菌的直径是0.3~0.8微米。白喉杆菌的排列一般呈栅栏状，常常呈现出L、V、X、T等形态。

瞄准人类的"杀手"——脑膜炎球菌

脑膜炎球菌又称脑膜炎奈瑟菌，因其能致使人类患上化脓性脑膜炎而为人忌惮。这种病菌非常专一，只认准人类感染，是唯一一种能在人际间流行的细菌感染性脑膜炎的病原体。它引起的急性呼吸道传染病就是流行性脑脊髓膜炎，简称"流脑"。

这种传染性疾病在中国暴发了三次，其中最严重的一次是在1967年前后，全国超16万人死亡，非常可怕！

流脑，威力极大，发病快，死亡率高，特别是在春冬季节，发病风险最大。

普通型流脑初期常见症状为发烧、头痛、流鼻涕、浑身乏力，几小时或一到两天后，患者的皮肤、口腔黏膜、眼结膜等部位便会开始有出血点，出血点小的像针尖，大的则呈片状出血斑，这便是败血症的表现。当病情严重时，还会出现频繁呕吐、怕光、狂躁，甚至昏迷等症状。如果是暴发型流脑，病情会发展得更加迅速。患者通常会在24小时内发生休克，面色苍白，口唇青紫，血压下降，随之危及生命。

那么脑膜炎球菌为什么这么厉害呢？

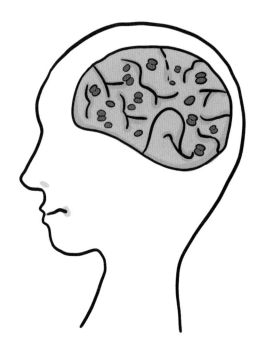

1. 荚膜。荚膜可抵抗宿主体内吞噬细胞的吞噬作用，以此来增强细菌对机体的侵袭力。

2. 菌毛。菌毛可黏附至咽部黏膜上皮细胞表面，以此让细菌在宿主体内定居、繁殖。

3. 内毒素。脑膜炎球菌的主要致病物质便是内毒素。当病菌侵入机体繁殖后，会因为自溶或死亡而释放出内毒素。内毒素能够引起小血管和毛细血管坏死、出血，出现皮肤瘀斑和微循环障碍的病症。严重败血症时，大量内毒素释放会造成中毒性休克。

脑膜炎球菌所致疾病有哪些呢？

1. 败血症。病菌从鼻咽部侵入，进入血循环，致人体发生病变。其释放的内毒素引发皮肤瘀点、瘀斑，激活补体，使血清炎症介质明显增加，因此在休克早期便出现弥散性血管内凝血，进一步加重微循环障碍、出血和休克，最终造成多器官功能衰竭。

2. 流行性脑脊髓膜炎。病菌侵犯脑膜，进入脑脊液，释放内毒素，引起脑膜和脊髓膜化脓性炎症及颅内压升高，使人出现惊厥、昏迷等症状。严重脑水肿时还会形成脑疝，能够使患者迅速死亡。

不过不用担心，流脑疫苗已成为国家计划免疫疫苗，疫苗的推广与接种一定程度上阻断了流脑侵犯人类的前行之路。与此同时，人类通过多年对流脑的研究，也发现了流脑的弱点，它们对干燥、寒冷、阳光及各种消毒剂敏感，而且在体外容易自溶死亡。

小知识

1928 年，英国细菌学家亚历山大·弗莱明首先发现了世界上第一种抗生素——青霉素，这标志着抗生素时代的开始。第二次世界大战期间，暴发了几次脑膜炎球菌性脑膜炎，在军事人员中使用青霉素治疗后，只有一人死亡。青霉素在"二战"期间挽救了大量士兵的生命。

名副其实的细菌——百日咳杆菌

有一种咳嗽，不仅让人声嘶力竭，喘不上气，而且这种折磨还有可能绵延数月，它就是名副其实的百日咳。

什么是百日咳？难道这个病真的会让人咳一百天吗？我们又该怎么区分感冒和百日咳呢？百日咳是由百日咳杆菌引起的具有高度传染性的呼吸道疾病，常发于冬春季。初期症状就像感冒一样，会发烧、咳嗽、流鼻涕、打喷嚏，接下来就是反复剧烈咳嗽，还伴有阵发性、痉挛性咳嗽，伴"鸡鸣"样吸气回声，而且发病时间可以延绵3个月或数月，因此被人们称为"百日咳"。百日咳杆菌是一种革兰氏阴性菌，比较短小，卵圆形，没有鞭毛，不能活动，但有一定的嗜血性。

百日咳极容易传染。在百日咳疫苗问世之前，百日咳是一种流行性传染病，每隔3年便会出现一次流行高峰，主要是婴幼儿感染，病死率非常高。不过，自从百日咳疫苗出现后，百日咳的发病率已明显下降。

百日咳主要通过飞沫传播，当患者说话或咳嗽时，口腔中的百日咳杆菌便会随着飞沫散发到空气中，以此来传染给周围的人，特别是免疫力差的人群。另外，直接或间接接触了患者的分泌物，也会引发百日咳感染。

百日咳的抗菌治疗首选大环内酯类抗生素，比如红霉素、阿奇霉素、罗红霉素或克拉霉素等。疗效与用药早晚也有很大的关系。早期可以用抗生素来减轻症状，而进入痉咳期后再用，就不能缩短百日咳的治疗过程了，但可以缩短排菌期和预防继发感染。

如何预防百日咳？

1. 控制传染源

百日咳无并发症的患者可在家隔离治疗，隔离期 30~40 天，但 6 个月以内的婴儿需住院隔离治疗。

2. 药物预防

密切接触病患后可口服红霉素，服用 10 天进行预防。

"本君"好看不好惹——金黄色葡萄球菌

金黄色葡萄球菌，听起来是不是感觉很诱人？如果在显微镜下观察它，会看到一种聚集成簇，像葡萄一样的球状细菌，这便是金黄色葡萄球菌。

金黄色葡萄球菌，在细菌界可谓鼎鼎有名。金黄色的美丽外表，让其成为细菌界有名的"颜值担当"，它还可以随意穿插于人体皮肤表面和身体内部。

金黄色葡萄球菌简称金葡菌，在自然界是广泛存在的，人类和动物是它们优先选择的目标居所。它们经常在人们的咽喉、鼻腔、皮肤上窜来窜去。最可怕的是，不管有没有氧气，它们都可以肆意生长，如果是在良好的营养环境中，便会长成黄色的菌落。不仅如此，它们还有在食物中大量繁殖的本领，以此来产生金黄色葡萄球菌肠毒素，而这种毒素才是真正的致病元凶。

当我们的食物放置时间较长而不做防腐处理时，金葡菌就有可能沾染上去，迅速繁殖。如果我们不小心吃了被病菌污染的食物，那么大量的金葡菌便会随着食物进入我们的身体内部。虽然我们的胃酸可以杀死大部分的金葡菌，但是，总会有漏网之鱼溜进肠道，这时候金葡菌的几大必杀技便开始充分发挥作用，肺炎、脑膜炎、败血症、脓毒血症等疾病都有可能接踵而至，对我们的生命构成威胁！

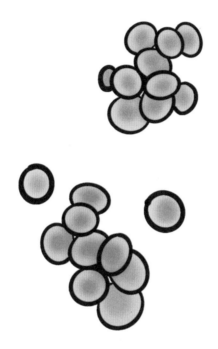

　　金黄色葡萄球菌有五大绝技。

　　绝技一：血浆凝固酶。它可使血液中的可溶性纤维蛋白原转变为不溶性的纤维蛋白并包裹在菌体表面，就像坚固的盾牌，阻碍吞噬细胞的吞噬作用。

　　绝技二：耐热核酸酶。人体的某些白细胞会把DNA像渔网一样发射出去，网住病菌，而这种酶就像一把大剪刀，可以把这些DNA剪碎，逃脱免疫。

　　绝技三：溶血素。它能损伤红细胞，破坏溶酶体，引起溶血反应和细胞裂解。

绝技四：肠毒素。这就是引起我们呕吐和腹泻等食物中毒症状的元凶。

绝技五：杀白细胞素。它就像一把狙击枪，可直接破坏人体的多形核中性粒细胞。

如何避免金黄色葡萄球菌感染？

1. 制备食物之前用肥皂和水充分洗手，尤其是指甲内。

2. 有化脓性咽炎及口腔、鼻腔疾病时不要去制备食物。

3. 手或者手腕有伤口，尤其是已化脓时不要制备食物，也不要给其他人端送食物。

4. 保持厨房与就餐区域的清洁卫生。

5. 应在低温和通风良好的条件下贮藏食物，放置的时间不应超过 6 小时，以防肠毒素的形成。

6. 食物食用前要彻底加热，尤其是在气温高的夏、秋季节。

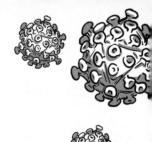

第六章
乘虚而入的坏家伙

在生态系统中，有一种处于食物链边缘的生物——病毒。地球上存在着大量的病毒，只要有生物的地方都有病毒的存在。病毒无孔不入，几乎可以寄生在所有种类的生物上：细菌、真菌、植物、动物、人……在几十亿年的时间里，它们与这些生物缔结了最复杂的关系。

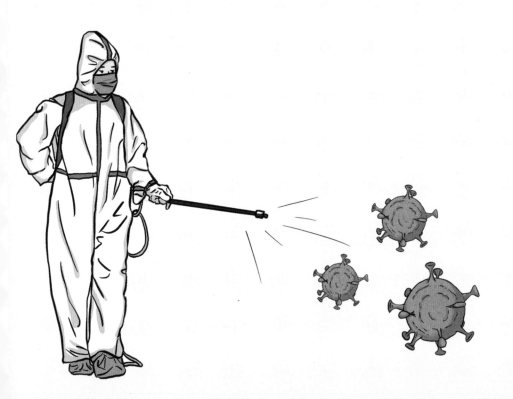

危险的艾滋病

很多人都会谈"艾"色变。艾滋病给人的恐惧感一点都不亚于癌症！

艾滋病是如何一步一步摧毁我们身体的？让我们一起去了解这种病的危险之处吧。

艾滋病，全称是获得性免疫缺陷综合征，是由艾滋病病毒，即人类免疫缺陷病毒（HIV）引起的一种病死率极高的恶性传染病。艾滋病病毒狡猾且破坏力强，一旦感染，它便会悄悄钻进我们的身体，破坏身体免疫系统里的淋巴细胞，当身体缺少了免疫细胞的帮助，免疫力便会大大降低，随之出现一些很难治愈的并发症。比如脚气会长在头上，吃坏肚子导致腹泻半个月，脱发秃头，皮肤溃烂、记忆力下降等，严重的还会导致死亡。

艾滋病主要有 3 种传播途径。

1. 性传播。艾滋病可通过性交的方式在人体间传播。性伴侣越多的人，感染的危险性越高。性传播是艾滋病病毒最主要的传播途径。

2. 血液传播。公用注射器，被污染的血液或血液制品，未经严格消毒的手术刀、针灸针、拔牙钳、穿耳针、文眉针等侵入人体的器械，均能引起艾滋病病毒的传播。

3.母婴传播。感染了艾滋病的妇女，在怀孕、分娩和哺乳时，可以把病毒传染给婴儿。

除此之外，艾滋病病毒还有一个阴森的特点，就是它能在人体内潜伏6~8年才暴发！艾滋病是一种非常难治愈的疾病，所以我们必须重视起来，谨防被感染。那么我们应该怎样预防这种恐怖的病毒呢？

1.学会保护自己，禁止滥交。性行为是传播艾滋病的主要途径。

2.远离毒品，共用注射器也是艾滋病的重要传播方式。

3.拒绝一切不正规的外科用血，无论输血还是献血，混用针头都有极大的风险。

4.包括穿耳、文身、整容、拔牙、针灸在内，各种创伤性的医疗设备都需要严格消毒。

5.在备孕前接受艾滋病体测和咨询。

艾滋病是我们面临的共同挑战，我们需要对艾滋病的传播保持警惕，但绝不应该放大对艾滋病的恐惧，更不应该歧视艾滋病患者。总之，要学会保护自己，尊重他人。

小知识

每年的 12 月 1 日是世界艾滋病日，因为第一个艾滋病病例是在 1981 年的 12 月 1 日被诊断出来的。为了提高人们对艾滋病的认识，世界卫生组织于 1988 年 1 月，将每年的 12 月 1 日定为世界艾滋病日，号召世界各国和国际组织在这一天举办相关的活动，宣传和普及预防艾滋病的知识。

HIV 和艾滋病的国际符号是红丝带。红丝带像一条纽带，将世界人民紧紧地联系在一起，共同抗击艾滋病。它象征着我们对艾滋病病人和那些受艾滋病影响的人的关心和支持，象征着我们对生命的热爱和渴望。

蔓延的禽流感

说到流感病毒，那可就厉害了，它们存在的时间恐怕比人类的历史还要长。禽流感是流感大家族的一员，也被称为"鸟禽类流行性感冒"，是由禽流感病毒引起的传染病，通常只感染鸟类，少数情况会感染猪，罕见情况下会跨越物种障碍感染人类。禽流感的潜伏期从数小时到数天，最长可达 21 天。

禽流感病毒属于甲型流感病毒，主要在禽类（如鸡、鸭、鹅、野生鸟类）之间流行，一般不感染人，当人类被流感病毒感染时，引发的疾病则被称为"人感染禽流感"。

人体感染禽流感的早期症状与人流感极为相似，主要表现就是发热，体温可高达 39℃ 左右，维持 1~7 天，流涕、咳嗽、咽痛、全身酸痛等症状随之而来，导致病者肺出血、胸腔积液、呼吸衰竭、心功能衰竭、肾功能衰竭、感染性休克等多脏器功能衰竭。

禽流感进入人类的视野是在 1878 年，当时意大利发生鸡群大量死亡，被称为"鸡瘟"。直到 1955 年，科学家证实其致病病毒为甲型流感病毒。此后，这种疾病便被更名为"禽流感"。

　　禽流感的传染源主要是病禽和带毒禽，病毒主要通过感染的禽类及其分泌物、排泄物、污染的水以及气源性媒介传播，经呼吸道、消化道感染。对于高致病性禽流感，1 克污染的粪便中病毒的含量，可以造成 100 万只禽鸟感染，非常恐怖。

　　因此，禽流感的高危人群主要是兽医和长期从事鸡、鸭、鹅、猪等动物饲养、贩运、屠宰的人员。在野外条件下，禽流感病毒常从病禽的鼻腔分泌物和粪便中排出，且在一定条件下可以存活相当长的时间。

　　禽流感可分为非致病性、低致病性和高致病性禽流感三大类。

　　非致病性禽流感不会出现明显症状，但会诱导禽鸟体内产生抗体。

　　低致病性禽流感可使禽类出现轻度呼吸道症状，食量减少，下痢，产蛋量下降等情况，并有零星死亡。

高致病性禽流感最为严重，通常无典型临床症状，发病急，体温升高，食欲废绝，伴有出血综合征，死亡率高达 50% 以上。

人类如何预防感染禽流感？

1. 加强体育锻炼，注意补充营养，多摄入富含维生素 C 等增强免疫力的食物，保证充足的睡眠和休息。

2. 尽可能减少与禽类不必要的接触，尤其是与病禽、死禽的接触。

3. 加强室内空气流通，每天 1~2 次开窗换气半小时。吃禽肉要煮熟、煮透，不吃生的或不熟的鸡蛋。

4. 外出旅行时，尽量避免接触禽鸟。例如不要前往观鸟园、农场、街市或公园直接接触禽鸟，不要喂饲鸽子或野鸟等。

5. 不要轻视重感冒。禽流感的病症与其他流行性感冒病症相似，如发烧、头痛、咳嗽及喉咙痛等，若出现类似症状时，应戴上口罩，尽快到医院就诊。

可怕的猫抓病

在众多家养宠物中，长相乖萌的喵星人获得了人们不少的喜爱。所谓"撸猫一时爽，一直撸猫一直爽"。

可爱乖巧的猫咪给铲屎官带来了不少乐趣，但也为铲屎官带来了未知的隐患。如果忽略了对猫咪的定期体检，那么一次小小的疏忽，可能会给铲屎官的身体健康埋下大大的隐患。

就像我们人类的身体表面携带着很多细菌一样，猫咪身上也会携带许多细菌和寄生虫（比如常见的跳蚤等）。这些细菌和跳蚤并不会导致猫咪生病，但是如果人类被生病的猫咪抓伤或咬伤就会致病，这种疾病叫猫抓病。

猫抓病是由汉赛巴尔通体引发，这种细菌主要存在于猫咪的口咽部，可以通过猫咪身上的跳蚤在猫群中传播。另外，如果不慎被患病的猫抓伤或咬伤，也有可能遭到感染。抓伤或咬伤处皮肤有炎症、疼痛，并可化脓。

一般在感染猫抓病（被猫咪咬伤或抓伤）3~10 天后，伤口附近的皮肤会发红、肿胀，看起来像一个圆形的肿块或者丘疹；还有可能出

现发热、头痛、乏力和食欲下降等一些不良现象；极少数情况下会出现意识障碍、视力异常、肝脏受损等症状。

为了防止感染猫抓病，建议大家在撸猫时，尽量少逗流浪猫或野猫，避免被它们咬伤或抓伤，若不慎被咬伤或抓伤，要立即用流动的清水和肥皂清洗伤口。与喵星人玩耍后要及时洗手。定期带喵星人体检并去除跳蚤。

定期为喵星人驱虫，跳蚤、虱子等体外寄生虫是汉赛巴尔通体的主要传播媒介，为猫咪驱虫能有效预防猫抓病。

小知识

全球每年的猫抓病发病人数大约超过 4 万例，以养宠物的青少年和儿童居多。

恐怖的狂犬病

现在养狗的人越来越多，可大家是否了解过狗狗的一些疾病呢？

大家都知道，如果被狗抓伤或咬伤，除了及时消毒、包扎外，还得去医院注射狂犬病疫苗，以防患上一种可怕的传染病——狂犬病。狂犬病是一种人畜共患的急性传染病，致死率极高，非常凶险。

说到狂犬病，我们脑子里最先想到的就是"无药可医、潜伏期极长、发病死亡率100%"等各种令人闻风丧胆的后果。可是这种病毒为什么会这么可怕呢？

狂犬病又称恐水症，潜伏期为1~3个月，1年内发病的概率为99%，极个别情况可潜伏数年甚至是数十年。患者一旦发病，如果不及时治疗，5天左右便会昏迷死亡。不仅如此，患者发病时，见到水、喝水甚至听到流水的声音，都有可能引起严重的咽肌痉挛，还会出现怕风、呼吸困难、全身抽搐等症状，甚至到最后全身瘫痪而亡。

狂犬病是由狂犬病毒引起的。这种病毒不仅长得像子弹，还有着和子弹一样的威力——这是为什么呢？因为这种病毒一旦入侵人体，就会顺着神经末梢一路进入大脑，而我们自己的免疫细胞却极难进入大脑。当病毒攻入我们的脑部后，便开始大量繁殖，团灭脑细胞，不超过 10 天，患病者就会死于脑损伤。

　　大多数狂犬病毒都是经由生病的狗产生传播的，也可通过一些食肉哺乳动物，比如猫、蝙蝠、狐狸等产生传播。当携带狂犬病毒的狗咬伤别的狗后，病毒将会随唾液由伤口进入受伤狗的血液中，而这只受伤的狗将会感染病毒。一旦患病狗咬伤别的动物，新一轮的传染便开始了……

　　如何判断狗狗是否患病呢？

　　感染狂犬病毒的狗，一旦发病，首先会性情大变，比如表现出忧虑、害怕，未受到外界的刺激也会出现狂叫不止、见人就咬的情况。病程发展进入兴奋期后，会出现流涎、眼红、两耳直立、走路不稳摇晃等症状，容易进入疯狂的状态，变得不认识主人。到了晚期，会出现呼吸困难的症状，不久后便会死亡。

人类对病毒的现代研究不到百年，而狂犬病毒的记载却有 4000 多年的历史了。

狂犬病（rabies）一词起源于梵语 rabbahs，原意是"狂暴"。有关狂犬病的最早的记录出现在公元前 2300 年的《爱什努纳法典》。在希腊神话里也有专门管狂犬病的神，一位是阿里斯泰俄斯，一位是阿尔忒弥斯。希腊的哲学家也记录了这种病。

公元 900 年，法国里昂的熊咬伤人，导致 6 人死于狂犬病。1271 年，西欧狼群出现狂犬病。1851 年，法国有记录一匹狼咬伤人，被咬伤者感染了狂犬病……

在经历了几千年的探索后，狂犬病终于在 1885 年被微生物学家巴斯德攻克。巴斯德通过实验发现，患病者的血是不会感染狂犬病的，但脑组织和脑脊液却可以，看来病根就在中枢神经系统。

此后百年，狂犬病疫苗又经过了两次重要升级，狂犬病疫苗的施打针数、失败率、不良反应都在减少。

小知识

每年的 9 月 28 日是世界狂犬病日。通过设立世界狂犬病日，集合众多的合作者和志愿者，群策群力，希望尽快使狂犬病成为历史。

罕见的埃博拉

人类与病毒的斗争从未停止过，在这个过程中，人类已经消灭了天花病毒，也不再那么惧怕狂犬病毒，可依然有一种病毒，它的名字让人不寒而栗——埃博拉病毒。

埃博拉病毒是一种非常神秘的病毒，很多描述恐怖病毒的影视作品，都会选择将埃博拉病毒作为原型。这不仅仅是因为它具有较高的致死率，还因为大多数感染人类的病毒都接近球体，而显微镜下的埃博拉病毒却是丝状的，这些细丝弯曲缠绕的状态就像蠕虫一样，让人不寒而栗。

这种让人谈虎色变的病毒究竟有什么来头？

埃博拉病毒因 1976 年首次发现于刚果（金）北部的埃博拉河附近而得名。病毒引发的出血性传染病"埃博拉出血热"，病死率可达 50%以上。

此后，埃博拉病毒便进入了人类的视野，它就像幽灵一样每隔几年便会暴发一次，几内亚、塞拉利昂、利比里亚等国时有病例出现。只要是接触了患病动物或人的体液，病毒便会悄然而至。

埃博拉病毒的传染性极强，一旦出现一个患者，那么整个家庭甚至整个村庄都可能被感染。最恐怖的是，每次都不知道埃博拉病毒藏在哪里，都是突然暴发，然后销声匿迹。

埃博拉病毒被称为"黑色诅咒"，在生物安全等级中处于最高的第四级，狂犬病毒仅为第三等级。它主要通过血液、唾液、汗水和分泌物等媒介传播，因此很容易在患者与患者之间流行。不仅如此，埃博拉病毒在感染人体后极其暴虐，早期会出现发热、乏力、肌肉疼痛、头痛、咽喉痛等症状，随后还会出现呕吐、腹泻、皮疹，发生内出血和外出血等不良反应，最终脑部损伤，器官衰竭而死。埃博拉病毒是史上最凶猛的病毒之一。

在病毒面前，人类十分脆弱，而治疗病毒的路，一直都是一场没有硝烟的战斗。就像埃博拉疫情的暴发，每一次都是人命的收割。不过也不要过于担心，埃博拉病毒在人类视野范围内已经暴露了太久，相关专家也一直在研究破解这种病毒。

小知识

　　埃博拉病毒是一种人畜都有可能感染的病毒，自然宿主目前被认为是一种蝙蝠，感染的宿主主要是人类和灵长类动物。但是通过蝙蝠直接传染人的证据并不明确，而且传染源也比较局限，容易识别，是可以防范的。

新型冠状病毒

往年的春节，到处都是热热闹闹的场景，大人们欢声笑语聚在一起聊天话家常，小孩子们则在一起愉快地玩耍、放烟火。而 2020 年的春节，一场突如其来的疫情，扰乱了人们平静的生活，至今还在影响着我们……

2019 年 12 月，一种不明原因的肺炎席卷湖北武汉，短时间内，不少人出现了发热、乏力、干咳等症状，而其中的罪魁祸首便是新型冠状病毒。

在显微镜下，冠状病毒围绕着许多尖尖的凸起，就像生日蛋糕附赠的那个"纸王冠"，这就是为什么它会被称作"冠状病毒"。

冠状病毒是一个大病毒家族，感染冠状病毒后，症状会因毒株不同而有所差异。常见症状有发热、咳嗽、气促和呼吸困难等等。如果病情较为严重，可导致肺炎、严重急性呼吸综合征、肾衰竭，甚至死亡。

新冠病毒如何传播呢？

新型冠状病毒传播途径主要为直接传播、气溶胶传播和接触传播。

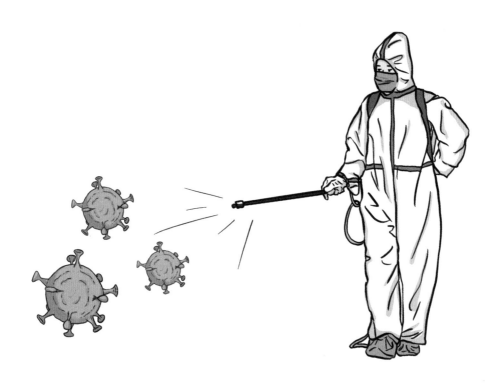

直接传播：患者打喷嚏、咳嗽、说话时的飞沫，呼出的气体导致感染。

气溶胶传播：飞沫混合在空气中，形成气溶胶，生命体吸入后导致感染。

接触传播：飞沫沉积在物品表面，手接触物品后，再接触口腔、鼻腔、眼睛等，便会导致感染。

不仅如此，不采取防护措施去接近携带病毒的动物，或食用未煮熟的带病毒肉类，也会被感染。各个年龄段的人都可能被感染，其中老年人和体弱多病的人更容易被感染，儿童和孕妇也是新型冠状病毒的易感染人群。

虽然新型冠状病毒来势汹汹，但只要大家保持良好的生活习惯和理性态度就可以有效防范。如今，在全球共同努力下，人类已经取得这场防疫战的阶段性胜利。

如何防护新型冠状病毒感染？

1. 少去人流密集的场所，家中常通风。

2. 外出时佩戴口罩。

3. 避免近距离接触咳嗽、发烧的病人。

4. 多用流动的水、肥皂或洗手液洗手。

5. 不要去海鲜市场、活禽市场或农场。

6. 不要接触野生动物、禽鸟或其粪便。不要吃野味。

7. 不要生食奶类、蛋类和肉类，必须彻底煮熟。